身近な物質のひみつ

何でできている？ どんな性質がある？

[監修]山口晃弘

PHP

はじめに

家の中、学校、町は、人間がつくったさまざまなものであふれています。それらはいったい、どのような材料でできているのでしょうか。たとえば鍋は、消しゴムは、校舎は、何でできているのでしょうか。

よく考えてみれば、身のまわりのものには、実はわからないことがたくさんあります。たとえばガラスやプラスチックは、何からどうやってつくりだしているのか知っていますか。

改めて、身のまわりのものを手に取って見つめなおしてみたとき、自然のしくみのすばらしさ、巧みさ、美しさを感じ、考えることができるでしょう。このような心のはたらきとともに、物質観を学んでいけるのが本書です。

鉄、銅、アルミニウムなどの金属、ステンレスや硬貨などの合金、さまざまな種類があるプラスチックなど、

身近にあるものによく使われている材料を取り上げ、それらがどのような物質でできているか、どういう用途で使われているかを紹介します。

それだけでなく、ゴミの分別やリサイクルの観点からも触れ、身近にあるものがどのような物質でできているかを知る大切さについても解説します。

みなさんがいだく素朴な疑問に答えられるように、写真・図解を多用してできるだけわかりやすく、そしてできるだけくわしく説明してあります。

こうしたものについて本格的に学習するのは、中学校や高等学校に入ってからです。小学校の理科ではしっかり学ぶ機会はなかなかないでしょう。だからこそ、本書で身のまわりのものの正体を調べつつ、正しい物質観を育んでいってください。

品川区立八潮学園　校長　**山口晃弘**

もくじ 身近な物質のひみつ

PART 1

いろいろな物質、何でできている？

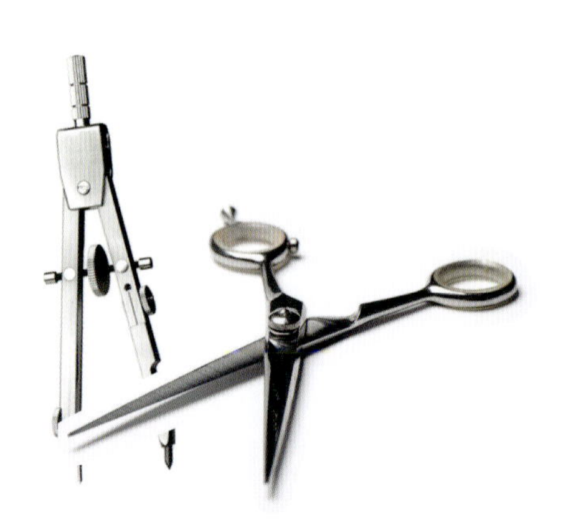

PART 2

身近な物質の特徴と使い道

物質の分け方と利用

PART 1

いろいろな物質（ぶっしつ）、何（なに）でできている？

学校にあるものや文房具は、何でできている？

私たちの身のまわりには、さまざまなものがあります。

学校の校舎や校庭には、どんなものがあるでしょうか。あげてみましょう。

それぞれ、どんな物質からできているでしょうか。

教科書やノートは、紙からできています。机やいすの多くは、木と鉄でできています。

ものをつくっている材料の種類を、「物質」といいます。たとえばノートは品物の名前ですが、材料に注目すると、「紙」が物質の名前です。はさみは品物の名前で、その材料の「鉄」は物質です。

物質は、見た目では区別できないこともあります。それぞれの物質の性質に目を向け、性質のちがいによって区別するとよいでしょう。

●**消しゴム**は、かつてはゴムでできていましたが、現在はプラスチック製のものがほとんどです。

●**えんぴつ**は木でできています。えんぴつの芯には黒鉛とよばれる鉱物とねんどが使われています。

●**給食の食器**は、陶器や磁器、プラスチック、アルミニウムなど、さまざまなものが使われています。あなたの学校では、どんな食器を使っていますか。

●学校で使われている**ボール**の多くは、ゴムでつくられています。

この物質が材料になっているものには何がある？

金属	ガラス
プラスチック	コンクリート

金属でできているもの

コンパス、はさみ、ステープラー、画びょう、鉄ぼう、ジャングルジム、給食のときに使うお玉など（→P16～23）。

プラスチックでできているもの

定規、ボールペン、リコーダー、消しゴムなど（→P24～29）。

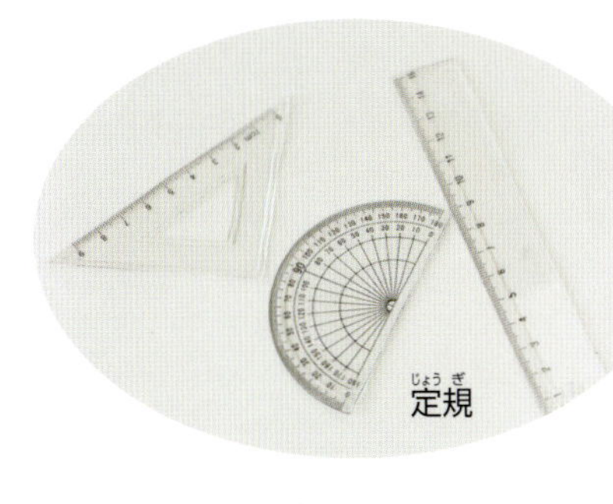

ガラスでできているもの

窓のガラス、虫めがね、理科室にあるビーカーなど（→P30～31）。

コンクリートでできているもの

校舎、プールなど（→P36～37）。

体育着はどんな材料でできているでしょう？

▶▶▶32～33ページを見てみましょう。

台所にあるものは、何でできている？

次に、家の台所を見てみましょう。台所にあるものをあげてみましょう。それぞれ、どんな物質でできているでしょうか。

同じコップでも、ガラスでできているものと、プラスチックでできているもの、陶磁器でできているものがあります。

コップの材料はさまざま。

どんな材料でできている？

- **スプーン**は鉄からつくられたステンレスのものがほとんどです。
- **ボウル**にはステンレスなどの金属製、プラスチック製、ガラス製などさまざまな製品があります。
- **さいばし**は木でできたものが多く使われています。
- **フライパン**はおもに鉄やアルミニウムなどの金属でできています。

これが材料になっているものには何がある？

- 金属
- プラスチック
- 陶磁器

金属が材料となっているもの

缶づめやジュース、ビールなどの缶。鍋やフライパンの多く、包丁の刃の多くは金属です。お玉、スプーンやフォーク、ナイフなどもたいてい金属製です。ステンレスの流し台は金属でできています（→P16～23）。

ステンレスの流し台

プラスチックが材料となっているもの

密閉容器などの容器にプラスチックが多く使われています。また市販のソース、マヨネーズなどの調味料の容器もプラスチック製のものが多いでしょう。ラップフィルム、ポリ袋などもプラスチック製です（→P24～29）。

陶磁器が材料となっているもの

茶碗やお皿などの食器の多くが陶器や磁器という家庭は多いでしょう（→P30～31）。

お茶碗

お皿などの食器

家庭にあるものの材料は、何？

自動車にはどんな物質が使われている？

台所以外の、家庭にあるものを見てみましょう。電気製品、ソファやベッド、たんす、家の外壁や窓には、それぞれどんな物質が材料として使われているでしょうか。さまざまな服やタオルなどの材料は何ですか。

自動車や自転車があれば、それもどんな物質が使われているか、考えてみましょう。自動車は、金属、プラスチック、ゴム、ガラスなどでできていて、動くときにガソリンが使われます。このように、いくつもの物質が使われているものもありますね。

これの材料は何？

自転車のフレーム

靴下

窓

床

- 自転車のフレームは、じょうぶな鋼（スチール）製、軽いアルミニウム合金製のほか、プラスチック製もあります。
- 靴下は、綿やポリエステルなどのせんいでできています。
- ほとんどの家の窓はガラスでできています。窓の枠には、アルミニウムなどの金属やプラスチックが使われています。
- 床は木でできている家が多いですが、ほかにプラスチック、ゴム、せんいなどさまざまな材料の床があります。

これを材料にしているものには何がある？

プラスチック

せんい

金属を材料にしているもの

金属でできているものには、ドアノブ、水道の蛇口、アイロン（取っ手はプラスチック）、玄関などの鍵、10円玉や100円玉などの硬貨、乾電池などがあります（→P16〜23）。

ドアノブ

硬貨

アイロン

プラスチックを材料としているもの

プラスチックでできたものはたくさんあります。お風呂の浴槽の多く、掃除機、洗濯機、テレビなど家電製品にもプラスチックが多く使われています。プラモデルやブロックなど、おもちゃの多くもプラスチック製です。電気コードをおおっているものもプラスチックです（銅線は金属）（→P24〜29）。

浴槽

掃除機

ブロック

せんいを材料としているもの

外出のときに着る服、パジャマ、靴下など、衣類のほとんどはせんいでできています。タオルやシーツ、ふとんカバーなどもせんいでできています（→P32〜33）。

衣類

ふとんカバー

タオル

PART2では

金属やプラスチック、陶磁器や木、ゴムといった物質のそれぞれの特徴や、どんな製品になっているか、どのようにつくられるかなどを見ていきます。金属は鉄、アルミニウム、合金など、代表的な金属についても細かく解説します。

色のもとになる物質

着色、染色の歴史

服や自動車、本の表紙、コップ……。私たちの身のまわりにあるものには、さまざまな色がついています。これらの色は、どんな物質を使ってつけられているのでしょうか。

着色に用いる色素には、動物や植物、鉱物などからできている天然色素と、石油を原料に化学的につくられた合成色素があります。

天然色素で布などを染める染色の歴史は非常に古く、紀元前2000年より前から、中国やエジプト、インドなどでおこなわれていたようです。エジプトのテーベ古墳で発見されたミイラには、藍によって染められた麻の布が巻かれていました。

インドでは、カレーの黄色で知られるウコンによって、織物を染色していたようです。インドからメソポタミアや中国に伝わったとされています。

布以外にも、いろいろなものに着色していました。エジプトのミイラには、植物の色素で赤く染色された爪も発見されています。階級の高い人ほど、真紅に近い色をつけていたといわれています。

藍で染めた布

カレーに使われるウコン。インドでは古くから染色に使われていたという。

©2014. Simon A. Eugster "Curcuma longa roots"Ⓒ

媒染とは

煮出した植物の汁に布を浸けて乾燥させれば色がつきますが、それではすぐに色落ちしてしまうので、天然色素による染色の場合は、一般に薬品を使って色を定着させます。これを「媒染」といいます。「媒染剤」といわれる薬品は、ミョウバン、硫酸鉄などが古くから使われてきました。合成色素による染色でも、媒染剤を使う場合があります。

媒染剤のミョウバン

染料と顔料

色をつけるもととなる色素は、ふつう固体の粉です。粉では着色しにくいので、水や油に溶かして使います。このとき、水や油に溶けて溶液になっているものを「染料」といいます。なかには水や油に溶けず、粉の固体のまま着色するものもあり、これを「顔料」といいます。

現在インクジェットプリンターなどで使われているインクにも、染料インクと顔料インクがあります。

粉状の「顔料」

©2005. Dan Brady "Indian pigments"Ⓒ

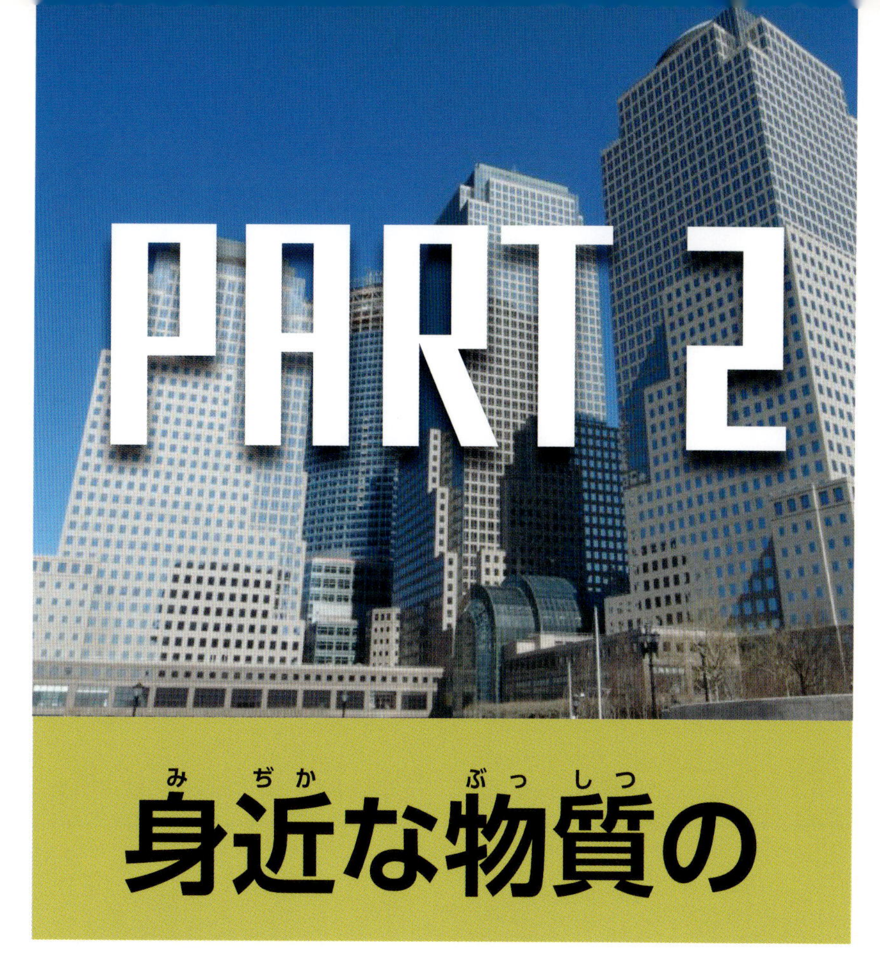

PART 2

身近な物質の特徴と使い道

金属とは何か

金属とはどんな物質?

私たちの身のまわりには、金属でできたものがたくさんあります。とくに台所まわりには、フライパンや鍋、包丁、缶づめなど、鉄やアルミニウムなどを使ったさまざまな金属製品があるでしょう。車や電車にも、多くの金属が使われています。100円玉や10円玉などの硬貨も金属製です。

金属は、みがくと光沢が出る、熱を伝えやすいなど、いくつかの共通した性質をもっています。

22ページでくわしく説明しますが、2種類以上の金属を混ぜたり、金属と金属でないものを混ぜてできる物質を「合金」といい、これも金属です。ふだん使っている金属の多くは合金です。

●金・銀・銅の比較

	金	銀	銅
密度 1㎤あたりの重さ(g/㎤)	**19.32**	10.50	8.96
融点 固体が液体になる温度(℃)	1064.4	961.78	**1083.4**
沸点 液体が気体になる温度(℃)	**2800**	2210	2570
電気抵抗率 電気の通しにくさ(10^{-8}Ω·m)	**2.35**	1.59	1.67
熱伝導率 熱の伝えやすさ(W/(m·K))	315	**427**	398

金・銀・銅のうち、同じ体積でもっとも重いのは金。続いて銀、銅の順。いちばん高い温度にしないと融けないのが銅、低い温度で融けるのが銀。もっとも高い温度で気体になるのが金、低い温度で気体になるのが銀。電気をもっとも通しにくいのが金、伝えやすいのは銀。熱をもっとも伝えやすいのは銀、伝えにくいのが金。

※Ω·mは電気の通しにくさ、W/(m·K)は熱の伝えやすさを表す単位。

金属の４つの性質

●電気をよく通す

一般的に電気を伝えやすい性質がある。電線には、金属の中で電気を通しやすい銅や、軽いアルミニウムが使われている。

●みがくと光る

みがくと光沢が出る。光をよく反射するので、昔は鏡としても利用されていた。

●たたくとのびて広がる

たたくと広がる性質がある。金は厚さ１万分の１㎜の金ぱくにすることができる。また、引っ張るとのびる性質もある。

●熱を伝えやすい

金属には熱を伝えやすいという性質がある。これを利用して、鍋やフライパンに鉄や銅、アルミニウムなどが使われている。

ここがポイント

なぜ金・銀・銅は古くから使われていたのか？

人類が最初に使った金属は、銅と見られています。イラクでは、紀元前9000年ごろの遺跡から、世界最古の銅製品が発掘されています。ほかに金、銀も、装飾品などとして古くから使われてきました。

金や銀や銅が古くから使われていたのは、さびにくく、すぐに使える状態にしやすかったためと考えられています。たとえば鉄は、酸素と結びつきやすく、さびた状態で存在するため、このさびをとる必要があります。金は金としてそのままとれます。銀や銅も簡単に使える状態にしやすかったので、古くから利用されていたようです。

金鉱石

もっと知りたい！

オリンピックの金メダルはメッキ？

オリンピックの各競技の１位、２位、３位にあたえられる金、銀、銅メダル。実は金メダルは金でできているのではなく、銀に金のメッキをしたものです。メッキとは、金属のうすい膜でおおうことです。国際オリンピック委員会では、「純度92.5％以上の銀製メダルの表面に６g以上の金をメッキしたもの」と定めています。なお、銀メダルはほぼ銀、銅メダルはほぼ銅でできているようです。

鉄

鉄はどこからとる？

ジュースの缶は、鉄でできているものが多くあります。また、やかん、中華鍋、ビル、鉄道、自動車など、私たちは鉄でできた多くのものに囲まれています。

鉄は古来、もっとも利用されてきた金属で、現在でももっとも多く利用されています。入手しやすく、価格も安く、加工しやすいこと、また、かたくてじょうぶなことが、広く使われてきた理由です。

鉄は鉄鉱石からとりだします。天然の鉄鉱石の中の鉄は酸化してさびているので、石炭を蒸し焼きにしたコークスという物質を入れて、さびた鉄からさびをとりのぞき、銑鉄をつくりだします。

銑鉄から加工しやすい鋼をつくる

鉄鉱石からとりだした銑鉄は、炭素や不純物を多くふくんでいてもろいため、炭素や不純物を減らします。こうしてできるのが「鋼」とよばれ、さまざまな鉄製品のもとになるものです。

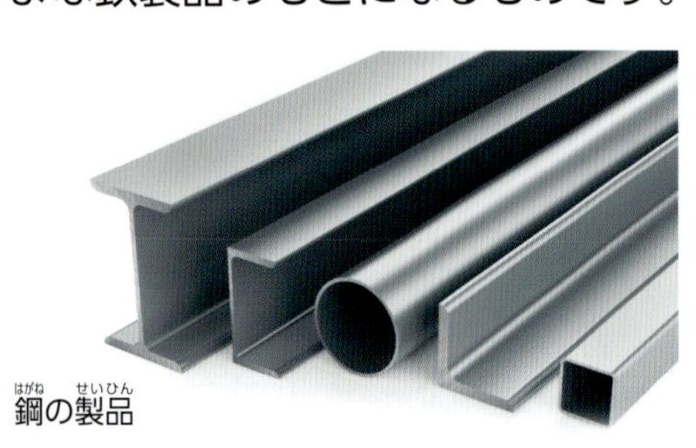

鋼の製品

●鉄からできるもの

鉄鉱石は中国やオーストラリア、ブラジルなどで多く生産され、そこから日本に輸入されている。

●純鉄と銑鉄、鋼のちがい

	炭素の量	特徴
純鉄	0％	やわらかい
銑鉄	1.7％以上	かたくてもろい
鋼	0.03～1.7％未満	やわらかくのびやすい。またはねばりがあり、強い

●鉄鉱石から鉄製品ができるまで

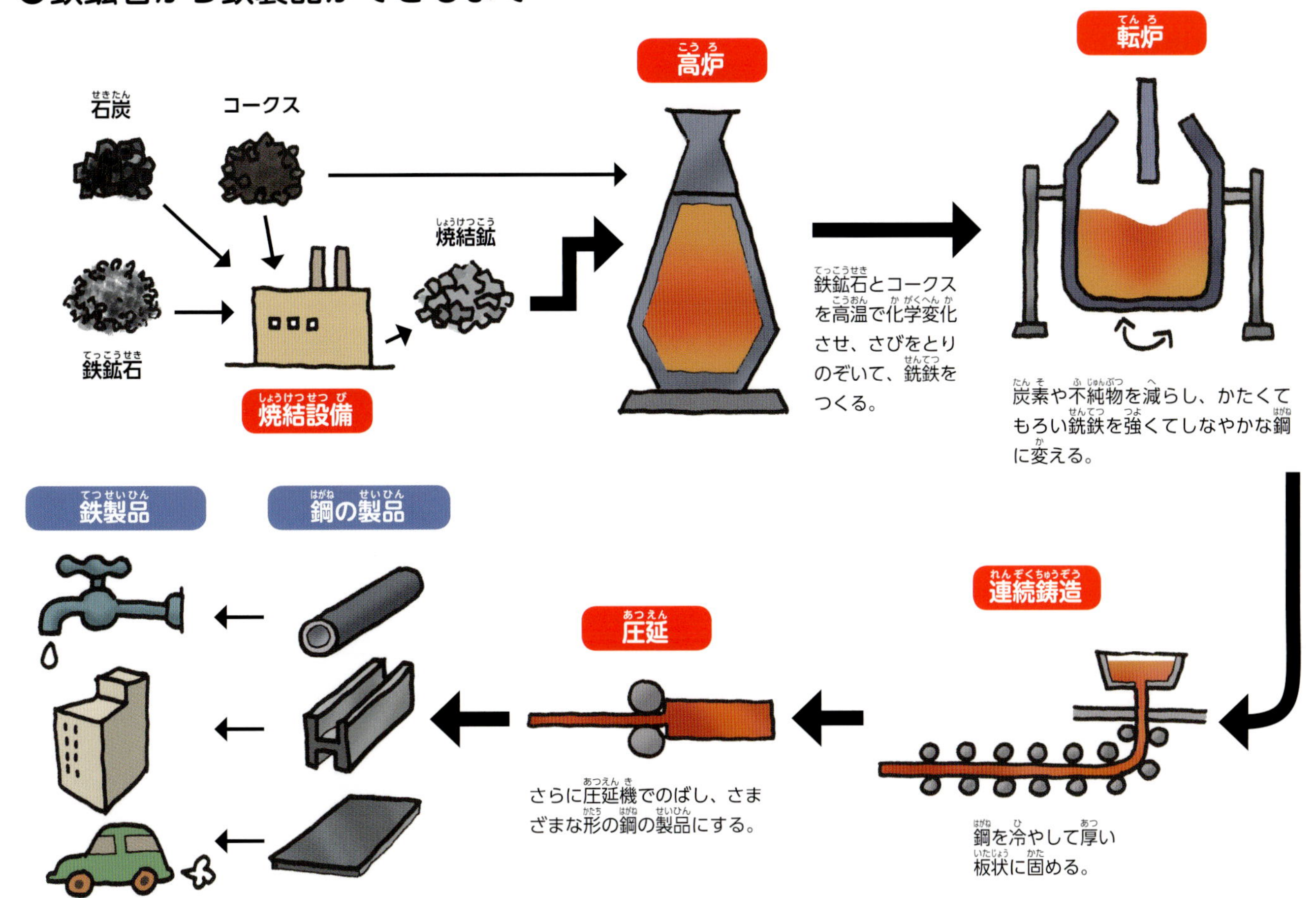

ステンレスとは

ステンレスという言葉を聞いたことがあるでしょう。ステンレスは、鉄にクロムを加えてつくる合金（→P22）です。「ステンレス」という英語は「さびない」という意味で、酸化クロムのうすい膜が、さびを防いでいます。実はこの酸化クロムそのものが「さび」で、「さび」によって表面をおおい、内部がそれ以上さびないようにしているのです。ステンレスは流し台をはじめ、鍋や冷蔵庫の扉など、さまざまなところに使われるようになっています。

ステンレスの流し台

鉄は磁石につく

鉄は磁石にくっつきます。鉄をのぞくほとんどの物質は磁石につきません。金属でも、磁石につかないものがふつうです。そこで、鉄をそのほかの物質と見分けるために磁石を使うことがあります。

アルミニウム

アルミニウムとは？

新幹線「のぞみ」の車体は、アルミニウムを主とした金属でつくられています。アルミはくや１円玉もアルミニウム製です。現在、人びとがもっとも多く使っている金属は鉄ですが、２番目はアルミニウムです。

アルミニウムは、ほかの金属とくらべて軽いのが特徴です。ほかにも、熱を伝えやすい、電気をよく通す、さびにくい、いろいろな形に加工しやすいなど、さまざまな特徴があります。リサイクルしやすいことも大きな長所です。

●熱を伝えやすい

アルミニウムは、鉄などの金属にくらべ、約３倍熱をよく伝えます。そのため熱さや冷たさを速く伝えるために使われます。

アルミ鍋
熱を速く伝え、料理が速く温まる。

飲料の缶
冷蔵庫に入れると冷たい温度が速く伝わり速く冷える。

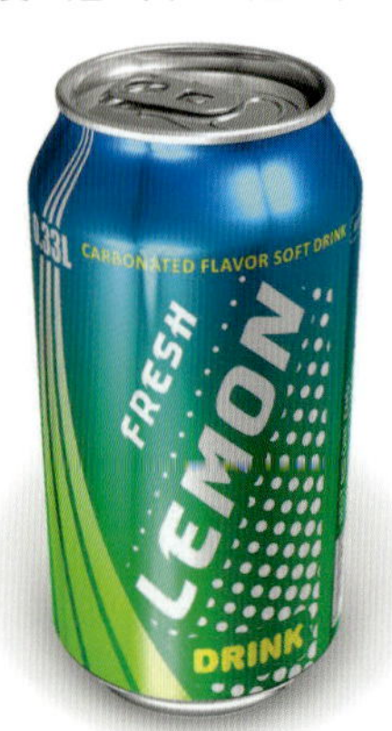

ラジエーター
自動車のエンジンが熱くなったときに冷やす装置。

●軽い

鉄にくらべると３分の１の軽さです。

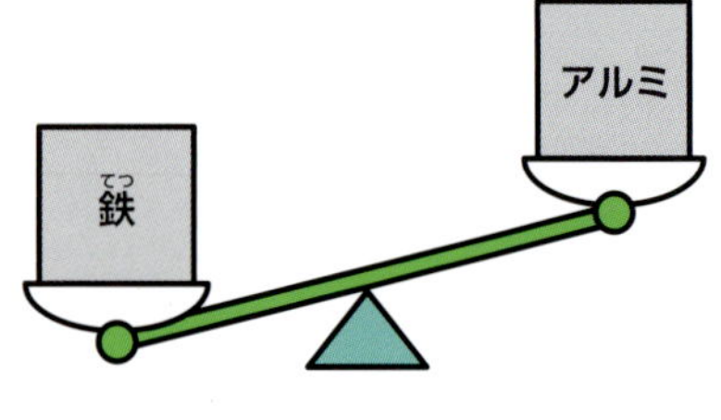

●合金にすると強い

合金にすることで、軽いうえに強い性質をもった金属となります。アルミニウム合金は鉄道車両、自転車、自動車、ロケットなどにも用いられています。

たとえば、アルミニウムを主としたジュラルミンという合金は、軽さとじょうぶさを生かして、古くから飛行機の機体に使われています。合金については22ページを参照してください。

ここがポイント　アルミニウムはこうしてできる

アルミニウムの原料は、ボーキサイトという鉱石です。オーストラリアをはじめ、ギニア、ジャマイカなど、赤道に近い地域でたくさんとれます。

ボーキサイトをくだいて薬品と混ぜ、液体にし、しばらく置いてできた結晶を高温で焼くと、アルミナという白い粉になります。このアルミナに電気を流して酸素をとりのぞくと、アルミニウムができます。

ボーキサイト　アルミナ　アルミニウム

●電気をよく通す

アルミニウムは、金属の中でも電気をよく通す性質があります。同じ重さの銅とくらべた場合は、アルミニウムのほうが電気をよく通します。この性質を利用して、電気を送る送電線に使われています。アルミニウムは軽いので、鉄塔と鉄塔の間の電線にたるみが少ないのも利点です。

送電線

●さびにくい

アルミニウムは、表面に酸化アルミニウムの膜ができていて、さびから守られています。酸化アルミニウム自体がさびなので、これ以上さびません。ステンレス（→P19）と同じしくみです。

●いろいろな形をつくれる

アルミニウムは、熱するとねんどのようにやわらかくなり、いろいろな形をつくることができます。カメラのボディ、アルミサッシ、自動車のタイヤのホイールなど、さまざまな形のものがアルミニウムからできています。また、うすくのばしてアルミはくにもできます。

●熱や光を反射する

アルミニウムには、熱や光を反射する性質もあります。

アイスクリームのふくろの内側は、アルミはくになっている。外からの熱や光をはねかえして、冷たさやおいしさを守っている。

●リサイクルしやすい

アルミニウムは、さびにくく、くさったりしないうえ、融かして固めるだけで別のアルミニウム製品をつくることができます。そのため金属の中でもリサイクルしやすく、とくにアルミ缶はリサイクルがすすんでいます。

アルミ缶のリサイクルマーク

もっと知りたい！ ルビーとサファイアはアルミニウムの仲間？

アルミニウムの表面には「さび」である酸化アルミニウムの膜があり、これによってさびにくい性質があります（19ページのステンレスと同じ）。この酸化アルミニウムの結晶をコランダムといいます。純粋なコランダムは無色透明ですが、クロムという物質が混ざると赤いルビー、鉄やチタンが混ざると青いサファイアになります。つまり、これらの宝石はアルミニウムの仲間であり、さびの一種ということになります。

ルビー

サファイア

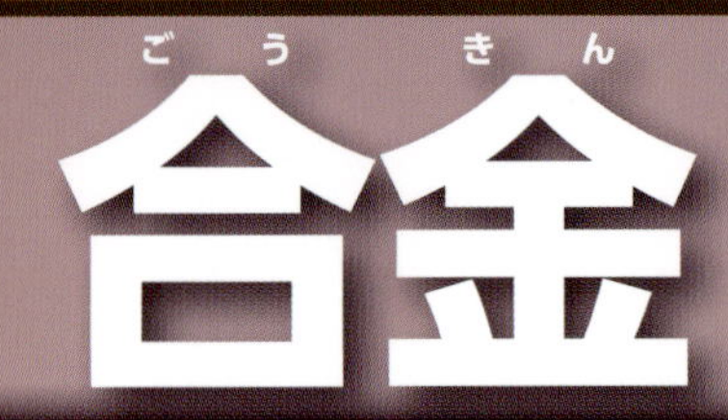

合金

合金とは？

鋼やステンレス、アルミニウム合金のように、いくつかの金属が合わさってできた物質や、金属と金属でない物質（非金属）が合わさってできた物質を「合金」といいます。

合金は、純粋な金属よりじょうぶで長持ちすることが多く、また、加工しやすくなったり、熱によって膨張する性質をおさえることができる場合もあるなど、多くの利点があります。合金には非常に多くの種類があり、さまざまなものに使われています。

◆銅合金

歴史が古く、さまざまな種類があります。銅と亜鉛の合金で、とくに亜鉛が20％以上ふくまれるものをしんちゅう、または黄銅といいます。5円玉はしんちゅうでできています。ホルンなどの金管楽器にも使われています。

ホルン

◆マグネシウム合金

マグネシウムはアルミニウムよりさらに軽く、マグネシウム合金は、同じ重さあたりの強度では、金属の中で最高です。振動を吸収したり、電磁波をさえぎったりする性質もあり、パソコン、自動車のタイヤのホイールやステアリング（ハンドルなどのかじ取り装置）などにも使われています。

パソコン

自動車のステアリング

最古の合金、青銅

銅をおもな成分としてスズを合わせた合金を、青銅といいます。メソポタミア・エジプトでは、紀元前3500年ごろから、石器に代わって使われていたといわれています。青銅は保存のための容器、装飾品のほか、武器や農具、工具にも使われました。

銅鐸

硬貨は何と何の合金？

日本の硬貨は１円玉をのぞき、銅を主成分とする合金でできています。銅とほかの金属の割合はそれぞれ異なり、色や光沢も異なります。１円玉は、100%アルミニウムでできています。

10円玉
95%の銅に３～４%の亜鉛、１～２%のスズを混ぜてつくられる青銅の一種。

500円玉
ニッケル黄銅。72%の銅、20%の亜鉛、８%のニッケルからできている。

5円玉
しんちゅうという銅合金。60～70%の銅と30～40%の亜鉛でできている。

100円玉・50円玉
どちらも75%の銅と25%のニッケルでできた白銅。1967年までは銀が60%ふくまれていたが、銀の不足により、白銅での製造に切り替わった。銅を多くふくむが、銀に近い色をしている。

1円玉
合金ではない。単体の金属。
100%アルミニウムでできている。

※硬貨の密度のちがいについては、61ページ参照。

◆形状記憶合金

ある温度以下で変形しても、その温度以上に加熱すると、元の形にもどる性質をもった合金を「形状記憶合金」といいます。チタンとニッケルの合金が一般的です。

シャツのえりやめがねフレームなどに使われています。

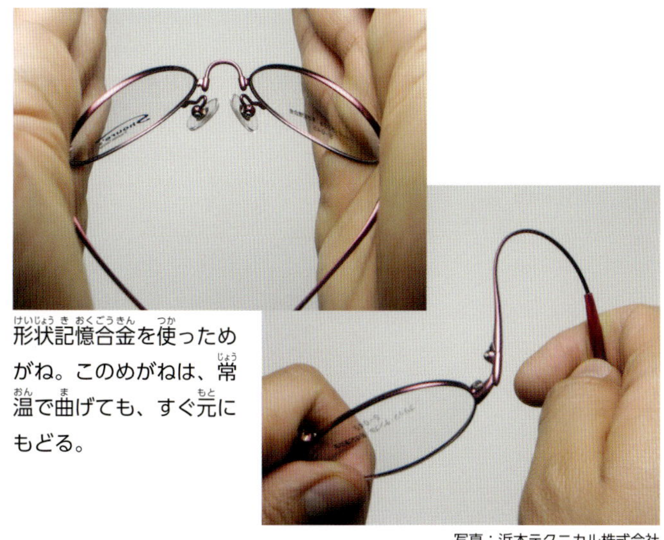

形状記憶合金を使っためがね。このめがねは、常温で曲げても、すぐ元にもどる。

写真：浜本テクニカル株式会社

もっと知りたい！

融けやすい合金、はんだ

はんだとは、金属どうしをくっつけるためのやわらかい金属で、鉛とスズを主成分とする合金です。紀元前3000年前には、すでに存在したといわれています。20世紀になって電気製品がたくさんつくられるようになると、「低温で電機部品を接続でき、電気を通す」はんだが大活躍するようになります。

鉛が融ける温度（融点）は327℃、スズが融ける温度は231.9℃。しかしこれらの合金になると183℃に下がり、融かしやすくなるのです。

はんだごてではんだを熱し、融かして金属どうしを接合し、冷ますとくっつきます。

プラスチック①性質、生活の変化

プラスチックとは？

プラスチックは、石油を原料に人工的につくりだされた物質で、もともと「自由に形をつくれる」という意味の言葉です。

この語源どおり、熱を加えると形を変えられることがプラスチックの第一の特徴です。

プラスチックにはほかにも、変質しにくい、電気を通しにくい、安くたくさん製品をつくれるなどの特徴があります。

かたいものもやわらかいものもつくれるという点も、大きな特徴です。

●自由に形を変えられる

プラスチックは熱を加えると変形するので、いろいろな形を自由につくることができます。ただし、できあがった製品に再び熱を加えてもやわらかくならないプラスチックと、またやわらかくなって形を変えられるプラスチックがあります（→P27）。自由に色をつけたり透明にしたりできることも、特徴のひとつです。

●電気を通さない

プラスチックは、基本的には電気を通しません。そこで、電気を使う掃除機やテレビ、冷蔵庫、パソコンなどの電気製品に使われています。ただし、電気を通すプラスチックも開発されています（→P55）。

●安くたくさんつくれる

プラスチックは、金属や木材などにくらべるとたいへん安く、一度に大量の製品をつくることができます。おかげで、多くの身近な製品が安価で手に入るようになりました。

●軽い

プラスチックは、多くの金属にくらべて軽いため、その特性を生かし、スポーツ用品や自動車の部品などに多く使われています。

●変質しにくい

プラスチックはさびにくく、くさりにくいため、長持ちして衛生的です。酸素、水分、光、微生物にも強いため、食品の容器や包装に多く使われています。

●かたいものも やわらかいものもつくれる

プラスチックは、かたいものからやわらかいものまで、自由につくることができます。また、基本的に軽いですが、軽いものだけでなく比較的重いものもつくることができます。

プラスチックで生活が変わった！

プラスチックでできたものは、身のまわりにあふれています。日本人の生活は、プラスチック製品によって、昔と大きく変わりました。具体的にどこがどう変わったのでしょうか。

●風呂

木の浴槽からプラスチックの浴槽に替わりました。ぬれてもくさらないプラスチックは、風呂の素材に適しています。浴槽には、熱に比較的強いプラスチックが使われています。

●台所用品

かつては、おもに金属や木、陶磁器などからできた道具を使っていましたが、軽く、われにくく、衛生的なため、まな板やボウルやざるなどにプラスチックが使われるようになりました。

●水道管

鉄製の水道管からプラスチック製の水道管になり、さびず、軽く、長持ちするようになりました。

●買い物袋

店でもらう買い物袋は、紙製からプラスチック製に替わり、ぬれたものを入れてもやぶれにくく、じょうぶになりました。

●食品トレー

肉や魚をのせるトレーは、木製や竹皮製からプラスチック製になって、衛生的になりました。

●調味料・飲料ボトル

調味料や飲料のボトルは、ガラスびんからプラスチックに替わってきています。軽くてわれにくく、同じ容量で体積が小さくなり、扱いやすくなりました。またマヨネーズのボトルなどは、しぼりだしやすくなりました。

●スポーツ用品

軽くて強い特性を生かし、テニスラケットやスキーの板、野球のヘルメットなど、さまざまなスポーツ用品にプラスチックが用いられています。

プラスチック② 製造方法、種類と性質

プラスチックはこうしてできる

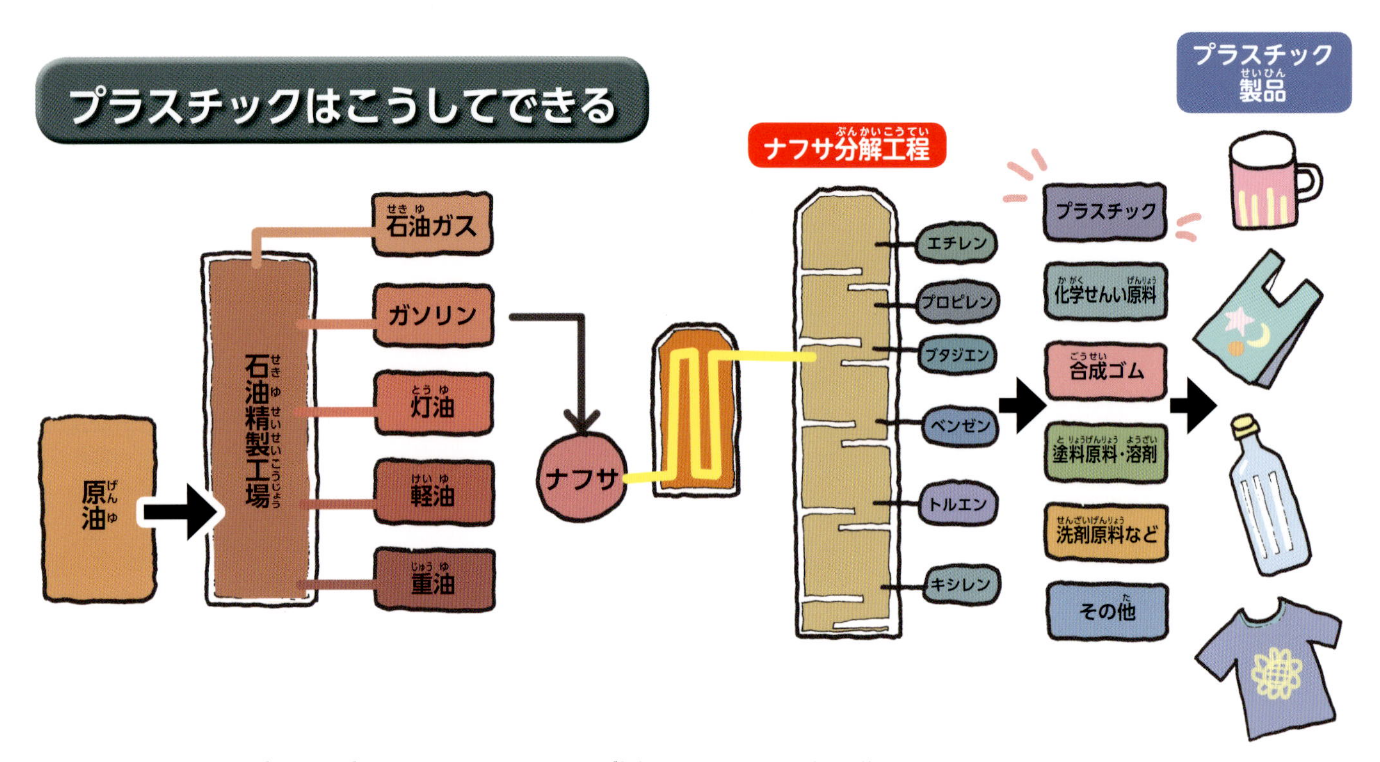

プラスチックは石油（原油）を原料にしてつくられます。原油は石油精製工場で、ガソリン、灯油、軽油などに分けられ、その過程で「ナフサ」とよばれるガソリンの一歩手前の物質（ガソリンと灯油の間くらいの沸点の液体）ができます。プラスチックは、このナフサからつくられます。

ナフサに熱を加えると、「エチレン」「プロピレン」「ベンゼン」などができます。プラスチックのもととなるこれらの物質がたくさん結合して、「ポリエチレン」「ポリプロピレン」などのプラスチックがつくられます。

プラスチックの成り立ち

すべての物質は「原子」という目に見えない小さな粒や、その粒が集まった「分子」からできています。2個や3個の原子からできた分子

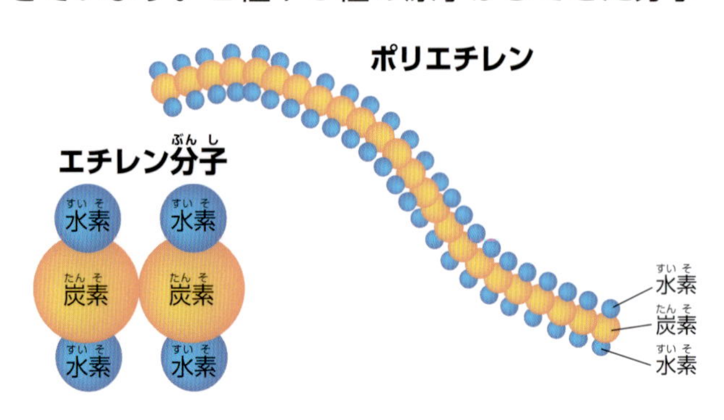

もあれば、何万個もの原子からできた分子もあります。少ない原子からできた分子を「低分子」、何千、何万という多くの原子からできた分子を「高分子」といいます。

プラスチックは高分子です。たとえばポリエチレンというプラスチックは、炭素原子2個と水素原子4個でできた「エチレン」という分子が1000個以上つながってできています。

たくさんの原子からできていることは、さまざまな構造をつくること、多種多様なプラスチックが生まれることにつながっています。

おもなプラスチック

プラスチックには、一度固まったものに高熱を加えると融けて再び液体の原料にもどるもの（熱可塑性プラスチック）と、一度固まったら熱を加えても融けず元にもどらないもの（熱硬化性プラスチック）があります。熱可塑性プラスチックは加熱すると融けるチョコレートに、熱硬化性プラスチックは加熱しても変わらないクッキーにたとえることができます。

チョコレート型プラスチック

●ポリエチレン（PE）

水に強く、軽く、熱には弱い。原料が安く、形を自由につくりやすいことが特徴。ラップフィルムや食品容器、ポリバケツ、シャンプーなどの容器、ガス管、スーパーの買い物袋などに使われている。

●ポリプロピレン（PP）

ポリエチレンよりかたく、ポリエチレンより熱に強い。プラスチックの中でもとくに軽いことから、バケツ、食品容器などに広く使われている。電気を通しにくい性質もあり、テレビ・パソコンなどにも使用されている。

●ポリスチレン（PS）

軽くて安くてじょうぶ。電気をとくに通しにくいためパソコンやテレビの外側、CDケースなどに利用されている。何倍、何十倍にもふくらませたポリスチレンが「発泡スチロール」とよばれるもので、保温性、耐熱性にすぐれていることから、食品トレーやカップ麺の容器などに、また、衝撃に強いので梱包材などに使われている。

●ポリエチレンテレフタレート（PET）

透明で、酸や油、薬品にも強い。そこで飲料のボトル（ペットボトル）に多く用いられている。

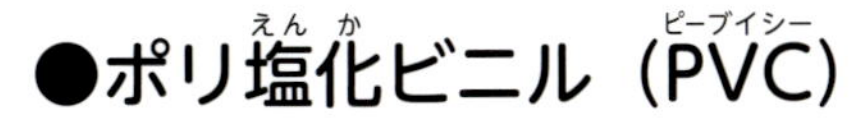

●ポリ塩化ビニル（PVC）

プラスチックの中でも古い歴史をもつ。水、酸、アルカリなどに強く、安い。色をつけやすいという性質がある。水道管、浮き輪、傘、ホース、レインコート、バッグ、ラップフィルムなどの製品になっている。

●アクリル樹脂（PMMA）

透明度と強度の高さが特徴。照明のカバーやレンズ、コンタクトレンズ、水族館の水槽、自動車のライトのカバーなどに使われている。

クッキー型プラスチック

クッキー型といわれる熱硬化性プラスチックには、メラミン樹脂、フェノール樹脂、ユリア樹脂、不飽和ポリエステル樹脂、エポキシ樹脂などがある。

メラミン樹脂は熱に強く、傷がつきにくい性質ももち、食器に多く使われている。

フェノール樹脂は、熱や電気を通しにくい性質から、アイロンの持ち手、鍋の取っ手などに利用されている。

色をつけやすく形も自由につくりやすいユリア樹脂を使った代表的な製品には、服のボタン、容器のキャップ、おもちゃなどがある。

プラスチック③見分け方、リサイクル

プラスチックの見分け方

プラスチックにはさまざまな種類があることがわかりました。では、実際にどのようにちがうのか、身近にあるプラスチックで実験し、確認してみましょう。

プラスチック製品の表示を見て、以下のものを用意します。

PE(ポリエチレン)……密閉容器のふた、シャンプーの容器など
PP(ポリプロピレン)……ペットボトルのふたなど
PS(ポリスチレン)……食品トレーなど
PET(ポリエチレンテレフタレート)‥ペットボトルなど
PVC(ポリ塩化ビニル)‥‥消しゴム、ビニール手袋など

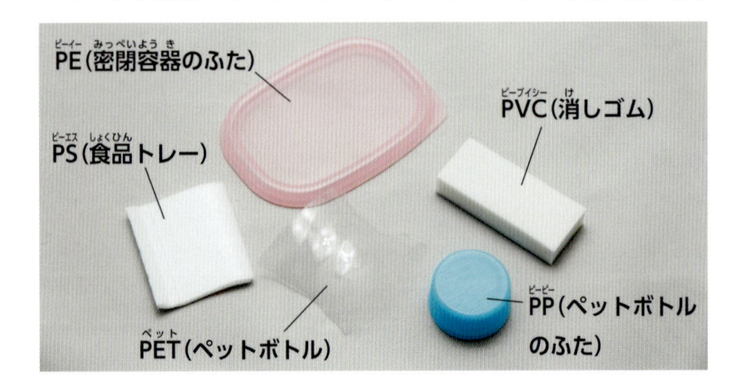

①水にうくか？　しずむか？

それぞれを水に入れて、うくかしずむかを見てみましょう。

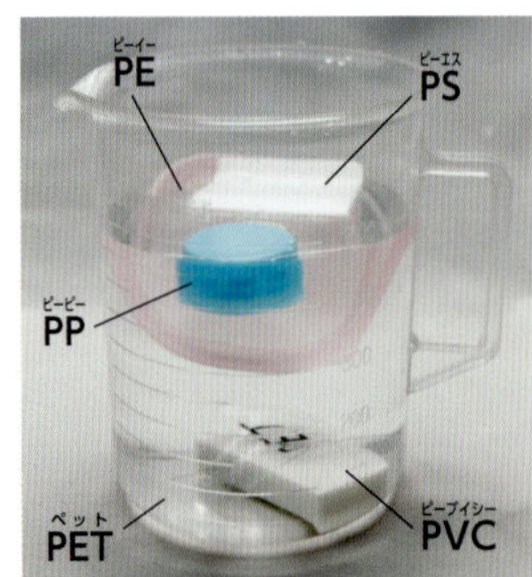

PET（ペットボトル）とPVC（消しゴム）がしずんだ。

※プラスチックがうくかしずむかによる分離については、61ページ参照。

②えんぴつで傷つける

かたさがことなる2B、HB、2H、4Hのえんぴつを用意し、それぞれのプラスチックに傷がつくか、やってみましょう。

PS（食品トレー）とPVC（消しゴム）は2Bで傷がついた。

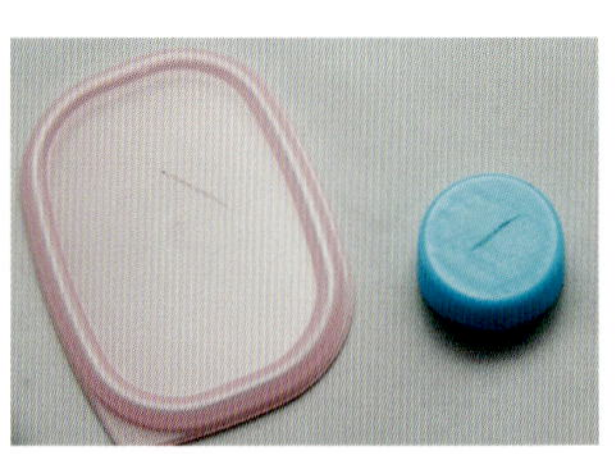

PE（密閉容器のふた）とPP（ペットボトルのふた）は2Hで傷がついた。

③熱湯に入れる

それぞれを沸とうした湯に入れて形が変わるか見てみましょう。

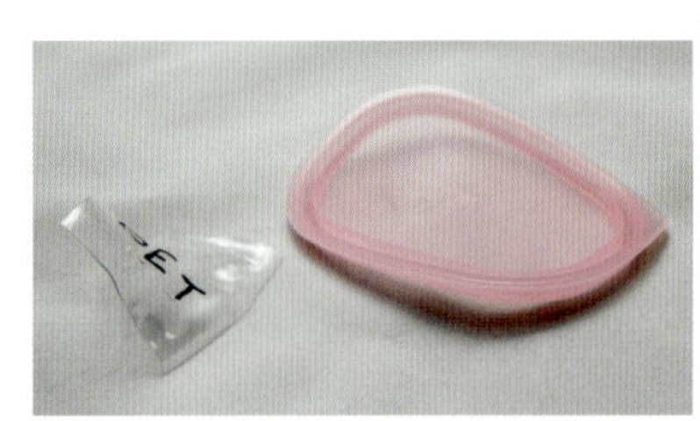

PE（密閉容器のふた）とPET（ペットボトル）がすぐに変形した。

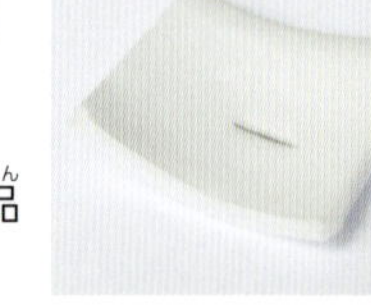

しばらくして、PS（食品トレー）が変形した。

●結果

	PE	PP	PS	PET	PVC
水にうくか	うく	うく	うく※1	しずむ	しずむ
えんぴつで傷つくか	2Hで	2Hで	2Bで	4Hでも傷つかない	2Bで
熱湯で変形するか	変形する	しない	変形する	変形する	しない※2

※1　PSの中には水にしずむものも多い。
※2　PVCの中には熱湯で変形するものも多い。

プラスチックのリサイクル

大量に使われるプラスチックは、できるだけリサイクルすることが重要です。プラスチックのリサイクルには、おもに次のような方法があります。

●ペットボトルのリサイクル

分別して出されたペットボトルは回収されたのち、飲み残しやゴミをとりのぞき、リサイクル工場に運ばれる。

リサイクル工場で、8㎜程度に小さくくだかれる。これを洗ってかわかしたものが、ペットフレークとよばれる。

ペットフレークは、プラスチックを原料としてものをつくるメーカーに送られる。そこで衣類やクリアファイル、卵パック、飲料ボトルなどがつくられる。

日本のペットボトルの販売量とリサイクル率

ペットボトルのリサイクル率は82.6%（2014年度）。欧米とくらべると高い率になっています。

ペットボトル販売量	569
リサイクル量	470

リサイクル率=82.6%

アメリカ…21.6%(2014年度)
ヨーロッパ…40.7%(2013年度)

(単位：千トン)

●燃料とする

プラスチックを燃やしたときの熱でプールを温め温水プールとしたり、地域の冷暖房などのエネルギーとして利用したりしている。このように、ゴミを燃やしたときの熱エネルギーを利用することを「サーマルリサイクル」という（→P53）。

●アンモニアをつくる

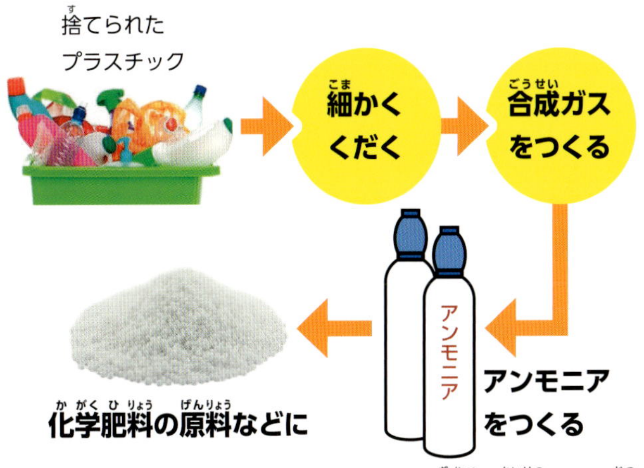

プラスチックからアンモニアをつくりだす技術が開発され、実用化されている。アンモニアは化学肥料や化学せんいなどの原料になる。

もっと知りたい！

植物からつくるプラスチック

石油以外のものからつくる「バイオマスプラスチック」も注目されています。たとえばデンプンからつくるポリ乳酸は、もともとの植物が二酸化炭素と水でできているので、形を変えても二酸化炭素を増やしません。このように炭素を増やさないしくみを「カーボンニュートラル」といいます。

ポリ乳酸からはタオルや雑貨がつくられている

写真：原田織物株式会社

ガラス・陶磁器

ガラスとは？

窓ガラスやガラスびん、ガラスのコップなど、身のまわりにたくさんあるガラス。ガラスは何からどのようにつくるのでしょうか。

ガラスのおもな成分は、ケイシャという砂です。ケイシャは、岩や石が小さくくだかれ砂になったもので、地球の表面にたくさんあります。

ガラスは、このケイシャにソーダ灰、石灰石などを混ぜて、1600℃もの高温のかまの中でどろどろに融かしてつくります。熱いうちにひきのばして形をつくり、形ができたらゆっくりと冷まします。

ケイシャ

写真：株式会社
エトーインダストリー

ガラスの歴史

ガラスの起源については、エジプトという説とメソポタミアという説がありますが、数千年前にさかのぼるようです。ヨーロッパの『博物誌』という本には、現在のシリアのあたりの川原で、天然ソーダ灰をあつかう商人が天然ソーダ灰のかたまりを石代わりにかまどをつくったところ、川原の砂と天然ソーダ灰が反応してガラスができたという伝説が書かれています。

紀元前１世紀ごろには、ふきガラスのつくり方が発明され、ガラスが広く普及しました。ふきガラスとは、鉄パイプの先に融かしたガラスを水飴のように巻き取り、息をふきこんでふくらませて形をつくる方法で、いまでも受けつがれている技法です。

日本で見つかっている最古のガラスは、紀元前３〜１世紀ごろの小さなガラス・ビーズです。

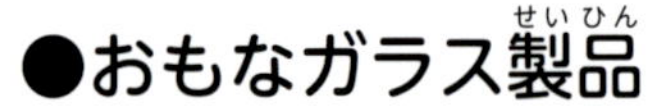

●おもなガラス製品

●板ガラスのつくり方（フロート法）

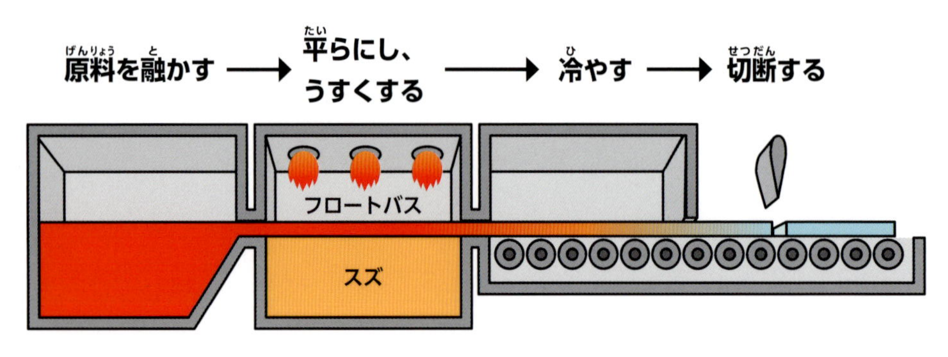

窓ガラスや鏡など広く使われている板状のガラスは、おもに「フロートバス」を使い、液体状のスズの上に液体状のガラスをのせてつくります。スズとガラスは、水と油同様、混じり合うことはなく、ガラスは重いスズの上にうきます。スズの上にのっている間に、ガラスが平らになります。

陶器と磁器のちがい

ねんどやくだいた石などで形をつくり焼いたものを陶器や磁器といい、あわせて陶磁器といいます。ふだん使っている茶碗やお皿には、陶磁器がたくさんあります。

陶器と磁器では、原料がちがいます。陶器は、おもに自然の地面の中にあるねんどを材料としています。一方、磁器は石を細かくくだいた粉

●陶器と磁器

陶器

磁器

でつくります。おもに「陶石」とよばれる白い石を使います。

焼く温度も異なり、磁器のほうが陶器より高い温度で焼きます。

また磁器は、うすく白くつるつるしていて、たたくと高くすんだ音がします。一方、陶器は厚手で、たたくとにぶい音がします。

磁器は電子レンジで加熱しても問題ないものが多いのに対し、陶器は電子レンジで加熱するとひびが入ってしまう場合があります。

ビールびんが茶色なのはなぜ？

ビールびんは茶色、ワインのびんは濃い緑色が多いですね。これには理由があります。ビールやワインは紫外線に弱く、直射日光があたると味が悪くなってしまいます。そこで透明ではなく、色の濃いびんに入れて変質を防いでいるのです。以前は透明のびんが多かった日本酒のびんに色つきのものが増えてきたのも、同じ理由からです。

ガラスのリサイクル

ビールびんや牛乳びんなどは「リターナブルびん」といいます。30回くらいは洗って再び使うことができます。それ以外のガラスびんは、色ごとに分けられ粉々にくだいた状態（「カレット」といいます）にします。このカレットから再びガラスびんをつくったり、タイルやアスファルト舗装などに使ったりします。

さまざまな色のカレット

磁器の歴史 有田焼

豊臣秀吉が朝鮮に出兵したとき、佐賀の藩主が日本に何千人という陶磁器の職人を連れて帰りました。その中の李参平という人が、有田焼の生みの親といわれています。

李参平は、はじめ佐賀で陶器づくりをしていましたが、よりよい材料を求めて旅に出ます。そして有田の地で良質の石を見つけ、白い磁器を焼くことに成功します。

はじめは白地に藍色の模様が主でしたが、1640年代に初代柿右衛門が赤を基調とした絵を焼きつける作風を完成させました。その後、有田焼はヨーロッパなどに輸出され、人気を博しました。

赤が特徴の柿右衛門様式の有田焼

天然せんい・化学せんい

木綿のTシャツ

羊毛のストール

天然せんい

布をほどくと、細い糸のようなものが出てきます。これを「せんい」といいます。

せんいには、動物や植物からつくる「天然せんい」と、動植物以外のものから人工的につくる「化学せんい」があります。

天然せんいとしてもっともよく使われているのは、「木綿」です。木綿は綿花の種である綿の実からとります。じょうぶで水分を吸収しやすいので、下着やTシャツ、シーツなどに使われています。

ほかには羊毛（ウール）が有名です。羊の毛を毛糸にして編んだセーターや、コート、毛布などに利用されています。暖かくてやわらかいのが特徴です。

●おもな天然せんい

木綿 じょうぶで水分を吸収しやすい。熱に強い。ちぢみやすい。

亜麻（リネン） 最古のせんいといわれる。空気を通しやすくすずしい。しわになりやすい。

黄麻（ジュート） 中国南部でとれる。のびにくく、安定性があるので、たたみ表やひも、袋などに使われる。

絹 蚕（カイコガという昆虫の幼虫）がさなぎになるときに、糸をはいて繭という入れ物をつくる（左の写真）。この繭が絹の原料。美しい光沢があり、肌ざわりがよい。害虫に弱い。

アルパカ 南米アンデスにすむアルパカの毛が原料。非常に細く、やわらかい肌ざわりが特徴。

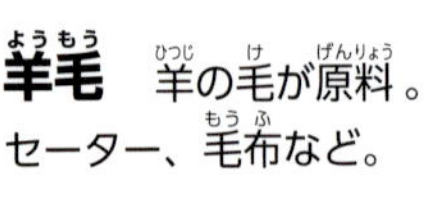

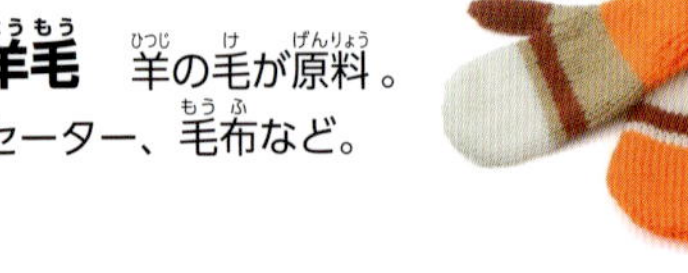

羊毛 羊の毛が原料。セーター、毛布など。

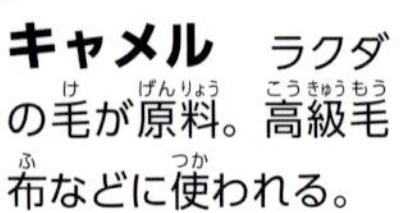

キャメル ラクダの毛が原料。高級毛布などに使われる。

カシミア 中国北西部やネパールのヒマラヤ地域などにすむカシミアヤギの毛が原料。毛が細くてやわらかく肌ざわりがよいが、高価。

アンゴラ アンゴラヤギやアンゴラウサギの毛が原料。羊毛やナイロンと混ぜてコートやセーターなどに使われる。

化学せんい

人工的につくりだす化学せんいは、プラスチックと同様に、多くが石油を原料としています（→P26）。

化学せんいは非常に細いせんいです。天然せんいの羊毛は20～40マイクロメートル（1マイクロメートルは1㎜の1000分の1）の太さですが、化学せんいでは1マイクロメートルより細いものもあります。虫やカビの心配があまりないことが共通した特徴です。

ポリエステル

世界でもっとも生産量の多いせんいがポリエステル。しわになりにくく、かわきやすく、じょうぶで熱に強い。また、水を吸収しにくく、静電気が起きやすいなどの特徴がある。ポリエステルの原料は、高分子のポリエチレンテレフタレート。略してPET、すなわち飲料容器のペットボトルと同じ。

アクリル

羊毛に似てやわらかくて暖かく、セーターや毛布などに使われている。

ここがポイント スポーツウエアは進化している

かつてスポーツウエアは、汗を吸いやすい木綿製が主流でしたが、現在は、汗を吸うだけでなく、その汗がすぐにかわくポリエステル素材が主流になっています。

スポーツウエアはさらに進化し、軽さや弾力性にもすぐれ、激しく長時間動いても快適さを保ちやすいものになっています。最近では、紫外線をカットしたり、さわると冷たい感触があるせんいでできたウエアも開発されています。

汗をすばやく吸い、かわきも早く、すずしいスポーツウエア

写真：アシックスジャパン株式会社

写真：帝人株式会社

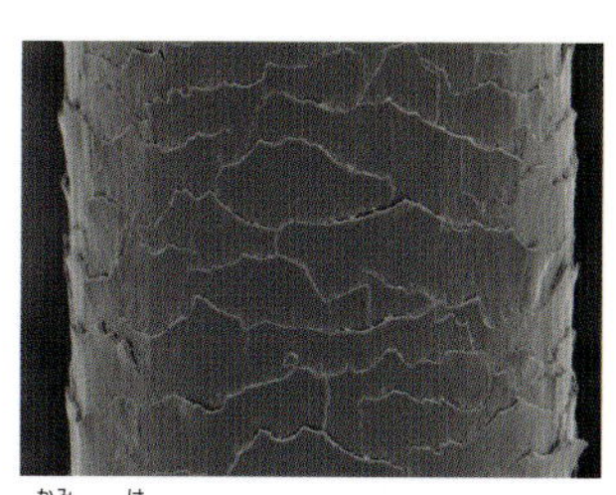

髪の毛（60マイクロメートル）

0.7マイクロメートルのポリエステルせんい

ナイロン

最初に使われだした化学せんいで、石炭と水と空気からつくられ、「鋼鉄よりも強く、クモの糸より細い」というキャッチフレーズで売られた。いまではポリエステルの次に多く利用されている。強く、しなやかな感触をもち、弾力性があり、しわになりにくい、水を吸収しにくい、静電気が起きやすいなどの特徴がある。釣り糸や靴下、ストッキングに使われるほか、強度や弾力性を増すためにほかのせんいに少し混ぜて、スポーツウエアをはじめ多くの衣類に使われている。

●再生せんい

木材、植物などの天然素材を融かし、薬品を混ぜてつくりだしたものを再生せんいという。レーヨン、キュプラなどがある。また、ペットボトルからつくるせんいも再生せんいという。これらも化学せんいの一種である。

炭素せんい

炭素せんいとは、ほとんど炭素だけでできているせんいで、鉄より強くアルミニウムより軽い、新しい素材として注目されています。アクリル樹脂や、石油や石炭からつくられるピッチという物質をせんいにし、その後特殊な熱処理をしてつくられます。そのまま衣服に利用されることはなく、プラスチックに埋めこまれて、ロケットや飛行機の機体、自動車のボディ、テニスラケットなどに使われています。炭素せんいの技術は、日本が世界をリードしています。

飛行機の機体には炭素せんいが使われている。

ゴム

ゴムとは？

身近なゴム製品というと輪ゴムがあります。ほかに、靴の底や自動車・自転車のタイヤなどにもゴムが使われています。

ゴムには天然ゴムと合成ゴムがあります。天然ゴムは「ゴムの木」の樹液を固めてつくります。一方、合成ゴムはプラスチックと同じように石油からつくる高分子です（→P26）。

プラスチックは常温でかたいのに対し、ゴムはやわらかく弾力性があります。また引っ張るとよくのびて、はなすとすぐ元にもどるのが特徴です。短所は年数がたつと劣化する（のびちぢみしなくなったり、べたべたするようになったりする）ことです。

天然ゴムと合成ゴムをくらべると、天然ゴムのほうがのびちぢみに対して強く、一方、熱や油、薬品には弱い性質があります。天然ゴムの生産がさかんなのは東南アジアで、タイとインドネシアで世界の生産量の半分以上をしめています。

●天然ゴムはこうしてできる

①ゴムの木の皮をけずる

ゴムの木の皮をナイフでけずると、牛乳のような白い液が出てくる。これがゴムの原料で、ラテックスとよばれている。

②ラテックスを固める

ラテックスをろ過して不純物をとりのぞき、一定の割合で酸を加え、シート状の型で固めたのち、ロールにかけて水分をしぼる。

③乾燥させる

数日間、自然乾燥させる。

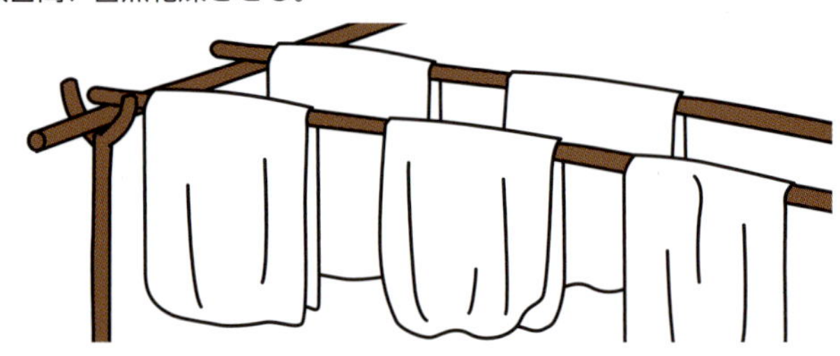

④工場で加工

シートは洗ったあと、スモーク室でいぶし、積み重ねてプレスし、直方体にする。

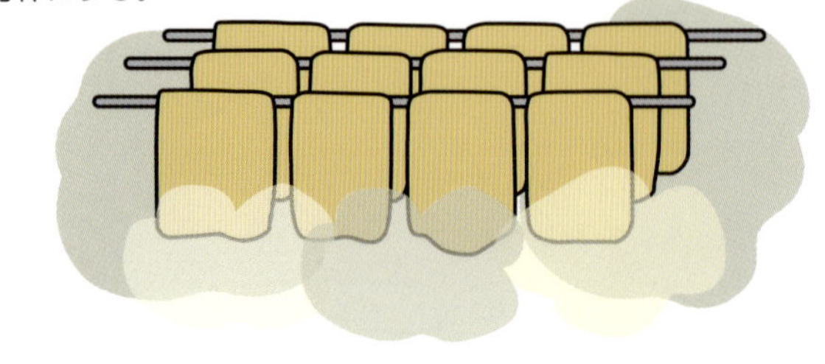

合成ゴム

石油精製工場（→P26）で、ナフサに熱を加えると、プラスチックの原料となるものがつくられると同時に、合成ゴムの原料となるプロピレンやブタジエンという物質などもつくりだすことができます。

これらの物質をもとに、化学物質を合成させたり化学変化させたりしてさまざまな種類の合成ゴムがつくられます。

ゴム製品の中で、合成ゴム製品はおよそ65%をしめています。

合成ゴムができるまで

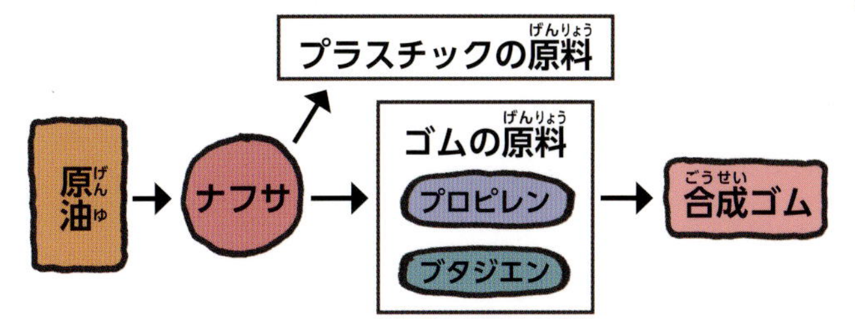

ゴムの歴史

ゴムは古くからアメリカ大陸で使われていたようです。3000年以上前のオルメカ文明の遺跡から、ゴム球が見つかっています。コロンブスが２回目の新大陸発見の航海に出たとき、アメリカの先住民がゴムでつくったボールで遊んでいたのを見つけ、ヨーロッパに伝えたといわれています。

オルメカ文明が栄えた地域（現在のメキシコ）

メキシコ湾

自動車の ここにゴムが 使われている！

走っているとき常に振動している自動車には、ゆれを吸収させるためなどに、ゴムが30種類以上の部品に使われています。

ホース

車の中にはフューエルホース、オイルホース、エアーホースなど、さまざまなホースがある。これらもゴム製。

部品いろいろ

サスペンション（車体とタイヤの間にあり、道路のでこぼこを車体に伝えず、安定させるためのバネのようなもの）や、エンジンで発生する激しい振動を車体に伝えないように吸収する部品などにもゴムが使われている。

タイヤ

タイヤには天然ゴムと合成ゴムの両方が使われている。世界の天然ゴムのうち75～80%がタイヤに利用されている。

セメント・コンクリート

エジプトのピラミッド

セメント・コンクリートとは？

ビルや道路、橋など、私たちのまわりにはコンクリートでできたものがたくさんあります。

コンクリートは、おもにセメントからできています。セメントに水、砂、砂利などを加えて固めてつくられています。

セメントとは、石灰石にねんど、けい石、鉄、せっこうなどを混ぜてつくる灰色の粉です。このうち石灰石が７割から８割をしめます。

セメントは、水と混ぜると固まる性質があり、ものとものをくっつける「のり」のような役割をします。いまから4000年ほど前に建てられたエジプトのピラミッドは、石を積み上げてつくられていますが、石どうしをくっつけるのに、セメントのようなものが使われています。

セメントは、ほとんどがコンクリートとして使われます。

ローマのコロッセオ。古代ローマのコンクリートは、現代のコンクリートの倍以上の強度があったとされる。

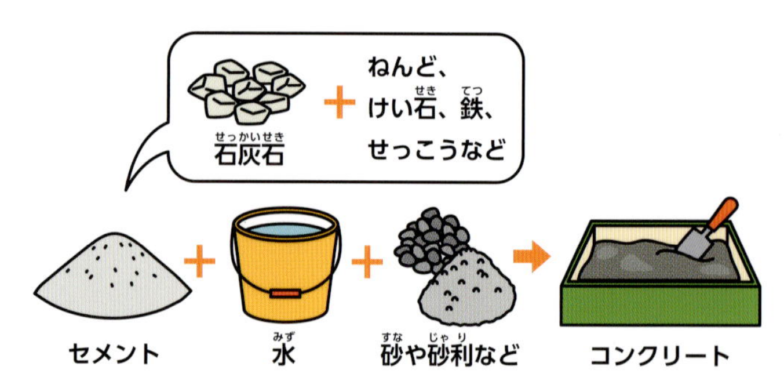

●コンクリートでできたもの

◆なぜセメントをコンクリートにするのか？

セメントに水を加えると、ねんどのような状態からだんだんかたくなっていきます。このとき熱が出ます。セメントだけを固めると、高い温度になります。高い温度のまま外気にふれると急激に余分な水分が蒸発してちぢむために、ひびができやすくなるのです。砂や砂利を入れてコンクリートにしてから固めると、セメントが分散されるので高温になりにくく、固まるのもゆっくりですが、ひびもできにくく、強度も増すのです。

コンクリートの特徴と鉄筋コンクリート

コンクリートは自由に形がつくりやすく、強度が高く長持ちします。また材料のセメント、砂、砂利、水などが安く手に入る点も特徴です。

建物に使うときは、コンクリートの中に鉄筋を埋めこんだ「鉄筋コンクリート」にすることが一般的です。

コンクリートは、おさえつける力（圧縮力）には強いものの、引っ張る力には弱いという性質があります。そこで、引っ張る力に対して強い鉄筋を入れることで、全体の強度を高めています。

鉄筋コンクリートの構造

もっと知りたい！ コンクリートミキサー車

コンクリートは、工場でセメントと砂、砂利を混ぜてつくります。つくりたてで固まっていないコンクリートを「生コンクリート」といいます。生コンクリートをそのままトラックにのせて運ぶと、車の振動で重い成分は下にしずみ、水のように軽いものはうきあがって分離してしまいます。そこで、コンクリートミキサー車（別名生コン車）でドラムを回転させ、混ぜながら運びます。

ここがポイント 石・砂・土のちがい

火山が噴火して噴出したマグマが冷えると、岩石ができます。この岩や石が雨や風、川などでけずられて小さくなると、れきや砂になります。これらの粒状の石は、大きさによって、名前が決まっています。

れき…………直径2㎜以上
砂……………直径1/16～2㎜
どろ（シルト）…直径1/256～1/16㎜
ねんど………直径1/256㎜以下

これらの粒状の石の細かい破片や生き物の死がい、その腐敗物、微生物などが細かい粉状になって混ざったものを、「土」といいます。土の多くが水分をふくんでいます。

れき
©2006. Stan Zurek "Gravel on a beach in Thirasia, Santorini, Greece"Ⓒ
砂
©2008. aomorikuma "Seasand fine"Ⓒ
ねんど
©2005. Siim "Clay-ss-2005"Ⓒ

木材・紙

木からできるもの

森林の多い日本では、昔から木材を使って家を建ててきました。木でできた住宅はいまでもたくさんありますね。

机やテーブル、床、戸だなやたんすなど、家の中にも木製のものを見つけることができるでしょう。えんぴつやそろばん、野球のバットやとび箱などにも木が使われています。

プラスチックや金属があふれる現代ですが、天然素材の木には独特の肌ざわりや香りがあり、落ち着きや温かみを感じさせてくれます。

木には多くの種類があり、世界には約２万種、日本だけでも約2500種もの木があります。そのうち木材として利用されているのは世界で数百種、日本で100種あまりといわれています。

木材の性質

①軽いわりに強い

同じ重さでくらべると、鉄よりも強い。

②熱、音を伝えにくい

熱を吸収しやすいので、木の家は夏は比較的すずしく、冬は暖かい。また音もよく吸収する。音をまろやかにする性質もあるため、コンサートホールによく使われる。

③湿度を調整する

湿度が高くなると水分を吸収し、低くなると放出し、湿度を一定に保とうとする性質がある。

④適度な弾力性がある

かたすぎず、やわらかすぎず、適度な弾力性があるので、ころんでもケガをしにくいため床に使われることが多い。

木を使ったコンサートホール

木は燃えますが、ある程度の太さの木は、表面がこげても中身まで燃えるのには時間がかかります。また近年、住宅には、薬で燃えにくくしている木材を使っています。

石油からつくるプラスチックとは異なり、天然素材の木は、変質しやすいという性質があります。しかし、水分の少ない場所で使えば変質する心配はほとんどありません。

紙はこうしてつくられる

紙には洋紙と和紙があります。一般に広く使われている洋紙は、木をけずってできるパルプからつくります。

木を細かくした木材チップを薬で煮詰める

→ 糸のようなせんい（パルプ）をとりだす → 洗ってゴミなどをとりのぞき、漂白する → 広げてプレスする → かわかす

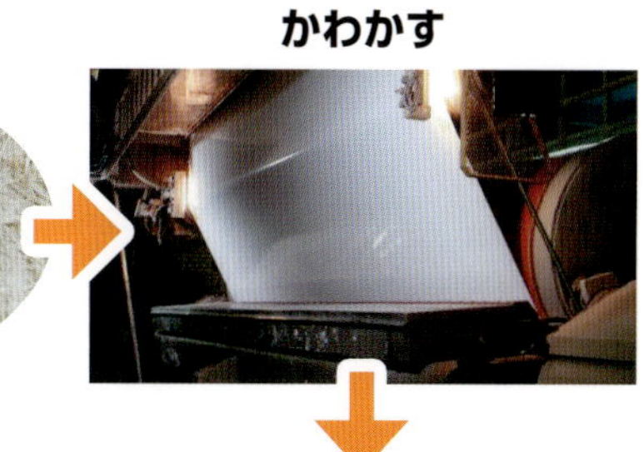

→ 巻きとり、塗料をぬって再度かわかし、棒に巻きつける

◆和紙とは

書道の紙には和紙が使われています。原料はコウゾやミツマタという木で、この木をたたいて糸のようなせんい（パルプ）をとりだします。

これを煮詰めてから洗い、たたいてほぐしたら、「ねり」というノリのような液を混ぜ、すき枠で「すく」という作業をします。その後、かわかしてできあがりです。

日本の和紙の手すき技術は、ユネスコの無形文化遺産に登録されています（石州半紙、本美濃紙、細川紙の３つの和紙）。

ここがポイント　木材と紙のリサイクル

木材はチップやペレットに

住宅や製品として使い終わったあとの木材や、加工中に出る余った材料は、さまざまにリサイクルされます。細かい木材チップやせんい状にして固め、家具や建築材料にしたり、粉々にして固めたペレットとよばれる燃料にしたりします。

ペレットは燃やせば二酸化炭素を発生させますが、もともと木々が成長する過程で吸収した二酸化炭素を出しているだけ、と考えることができます（→P29）。

ペレット

紙はさまざまにリサイクル

紙はリサイクルができるので、できるだけ捨てずに、紙の種類ごとに分別してリサイクルに出すことが大切です。回収された紙は、さまざまな紙に生まれ変わります。段ボールはおもに再び段ボールに、新聞紙は再び新聞の紙に、雑誌やチラシなどは段ボールなどに、牛乳パックはトイレットペーパーなどになります。

ただし、リサイクルをするにもエネルギーを使いますし、再生する回数に限度もあります。

紙をムダづかいしないようにしたいものです。

紙

紙のリサイクルマーク

水・氷・水蒸気

水の変化

飲んだり、手を洗ったり、毎日の生活に欠かせない大切な水。水は温度によって状態が変化します。0℃になると凍って氷になり、100℃で沸とうして水蒸気になります※。水の状態を「液体」、氷は「固体」、水蒸気は「気体」といいます。

液体から気体になることを「気化」といいますが、気化は沸とうするときだけおこるのではなく、ふつうの気温でも、水の表面から少しずつ気体になっていきます。これを「蒸発」といいます。コップの水をしばらく放置しておくと、自然に減っていくことに気づいた人もいるでしょう。汗が自然にかわくのも、ぬれた洗濯物がかわくのも、水が蒸発するからです。

※気圧が1気圧の場合です。

水の分子

コップに入れた水を2つに分けていきます。それをくり返し、これ以上分けるともう水の性質がなくなってしまうという限界まで分けます。そのとき水の粒は1個になります。この小さい粒を水の「分子」といいます。1億倍に拡大できる顕微鏡があれば、水の性質をもったもっとも小さい粒を見ることができます。水はこの分子がたくさん集まってできています。分子どうしの結びつきの強さによって、氷、水、水蒸気と変化するわけです。

0℃以下で　氷

100℃で　水蒸気

湯気と水蒸気のちがい

湯気は水蒸気とはちがう。沸とうした水は、1個の気体の粒である水蒸気となってふきだす。気体の水である水蒸気は、細かすぎて目には見えない。その後熱い水蒸気がまわりの空気によって冷やされ、たくさんの気体が集まって液体の水になる。これが湯気で、目に見える。湯気は気体ではなく液体。

0℃以下で、分子どうしが固く結ばれた状態が氷、氷が融けて結びつきがゆるやかになった状態が水、沸とうや蒸発で分子が自由に動き回れるようになった状態が水蒸気です。

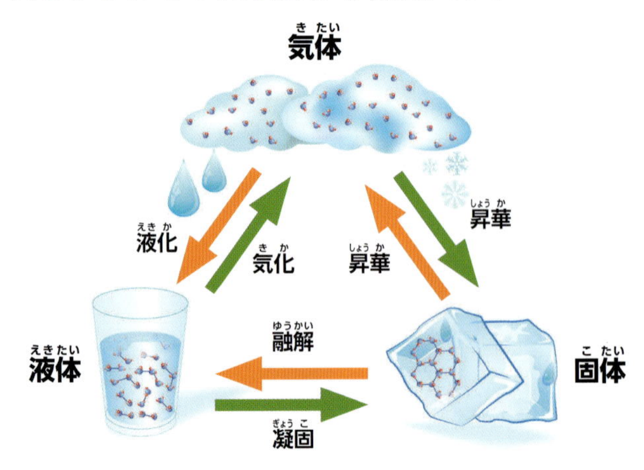

水道水はこうしてできる

私たちが使っている水道水は、川の水や地下水をもとに、図のように浄水場できれいにされ、安全な水道水となって運ばれます。

水の利用

水は、私たちの生活に利用されるだけでなく、農業や工業に幅広く使われています。

日本の水の使用量・用途別の割合

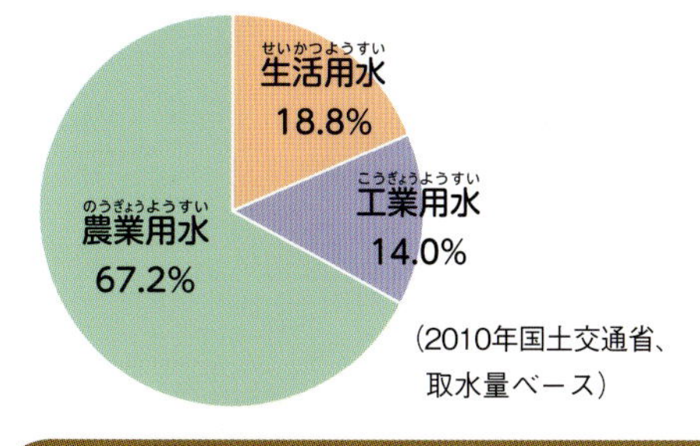

（2010年国土交通省、取水量ベース）

生活用の水

飲料や調理、洗濯、風呂、洗顔、トイレなど、人びとの生活に水は欠かせない。家庭以外では消防用の水、噴水、オフィスで使う水など。

工業の水

石油化学、鉄鋼、製紙、精密機器、食品などさまざまな工場で水が使われている。

農業の水

日本で使われる水のうち、３分の２が農業用水だ。

もっと知りたい！

水蒸気の利用

水が沸とうするときの水蒸気の圧力を動力に変えて走ったのが、蒸気機関車です。現在は、沸とうするときの蒸気でタービン（羽根車）を回転させる蒸気タービンが、発電所や船のエンジンとして使われています。

蒸気タービン

水のリサイクル

工場で使われた水を捨てずに、リサイクルして再利用する取り組みが進んでいます。

家庭でも、お風呂の残り水を洗濯や車の洗浄、庭木への水まきに使うなど、できるだけ水を再利用しましょう。

空気

空気はどこまである？

生き物が生きていくために欠かせない空気。大気ともいいます。そこにあるのが当たり前すぎて、ふだん意識することはほとんどないですね。

大気は、地球のまわりを膜のようにおおっています。上に行くほど少なくなり、世界でいちばん高い山、エベレスト山頂（地上約９km）では、地上の３分の１ほどのうすさになります。

月には大気が存在しません。月の重力は地球の６分の１ほどしかないため、かりに大気があったとしても宇宙空間に逃げていってしまうのです。しかし、金星や火星、木星、土星のように、ある程度大きい惑星は重力も大きいため、たいてい大気も存在します。

地球の大気にはいくつもの種類の気体が混ざっていますが、窒素と酸素の２つでおよそ99％をしめています。このほかは、水蒸気、アルゴン、二酸化炭素、ヘリウム、水素などの気体が少量ずつあります。

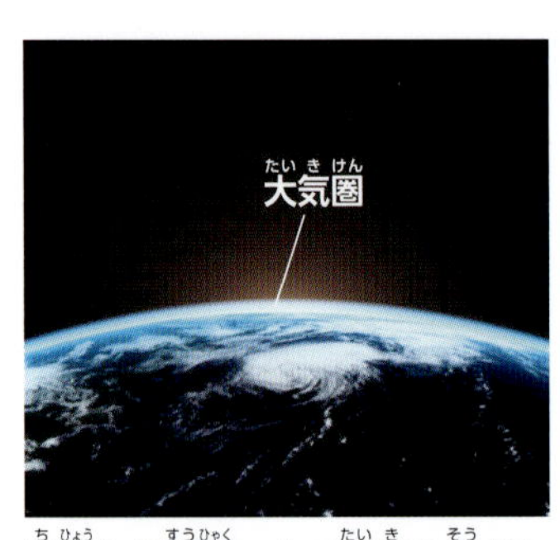

地表から数百kmまで大気の層があり、これを「大気圏」とよぶ。

空気の組成

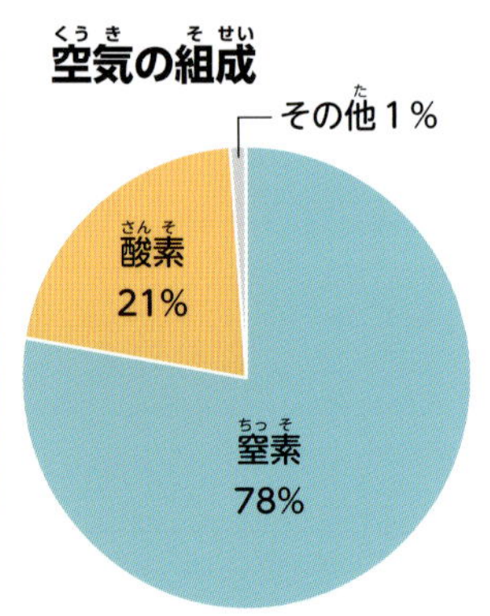

空気の圧力の利用

閉じこめられた空気をおしちぢめると、外の空気をおし返す力が生まれます。この力を空気圧といい、さまざまな道具や機械に利用されています。

空気の性質

◆空気には重さがある

空気には重さがあります。空気の入っていない風船と、空気を入れてふくらませた風船の重さをくらべてみましょう（Ⓐ）。Ⓑのような方法で量るとより正確に量れます。

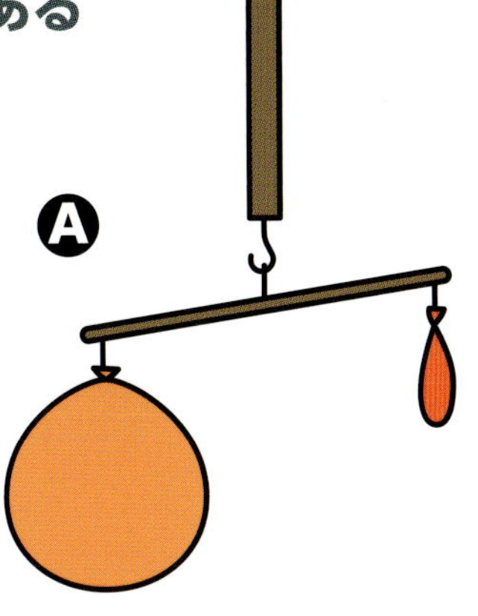

Ⓑ

100mLになるまで

空気を入れたスプレー缶

①空のスプレー缶に空気入れで空気を入れて重さを量る。②水にメスシリンダーを入れ、空気が入らないようにさかさに立てる。③スプレー缶の空気をさかさのメスシリンダーに、100mLになるまで入れる。④スプレー缶の重さを量る。①の重さ－④の重さ＝100mLの空気の重さとなる。精密な測定では、0.129gとなる。

◆空気があるとものが燃える

ものを燃やすときには、空気の中の酸素が必要となります。ろうそくに火をつけて、上からびんをかぶせると、やがて火は消えてしまいます。これは、空気の中の酸素がろうそくを燃やすためにほとんど使われてしまったためです（→P52）。

◆冷たい空気は重い

暖かい空気と冷たい空気では、暖かい空気のほうが軽くなります。そのため空気を暖めると上に行きます。

ですから、エアコンで暖めたいときは、風向きを下向きにすると、部屋の中の空気が混ざりやすくなって、部屋全体が暖まります。

雲ができるしくみも、気温の上昇と関係があります。太陽の熱で空気が暖められると、空気が軽くなって上昇し、海などから蒸発した水蒸気が上空に運ばれます。この水蒸気が上空で冷やされると、水滴となって雲ができるのです。

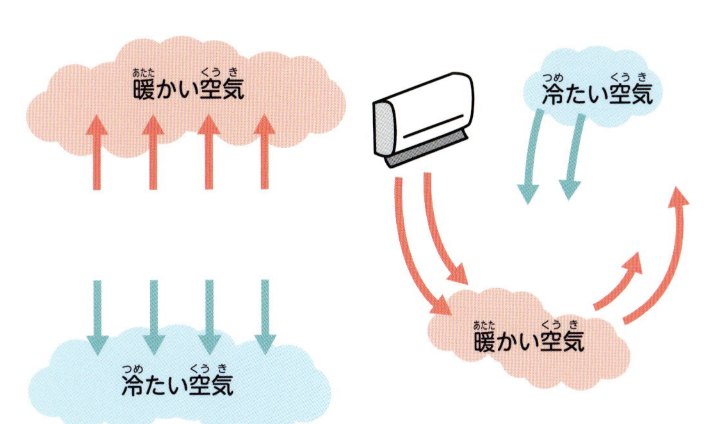

もっと知りたい！

熱気球のしくみ

暖かい空気のほうが冷たい空気より軽いことを利用しているのが、熱気球です。

気球の中では、バーナーで空気を熱しています。その結果、気球内の温度が上がって空気がふくらみ、まわりの空気より軽くなるため、気球はうかびます。

天然ガスと石油

化石燃料とは？

日本で使われるエネルギー資源でもっとも多いのは石油、続いて石炭、天然ガスの順です。ここでは、用途の幅の広い石油と、近年輸入の増えている天然ガスについてとりあげます。

石油や天然ガス、石炭などのことを「化石燃料」といいます。化石燃料は、何億年も前の植物やプランクトンなどの死がいが、地中で熱や圧力によって変化してできたものです。朽ちた植物は石炭になり、動物の死がいは石油、天然ガスになります。

石油や天然ガスの掘削

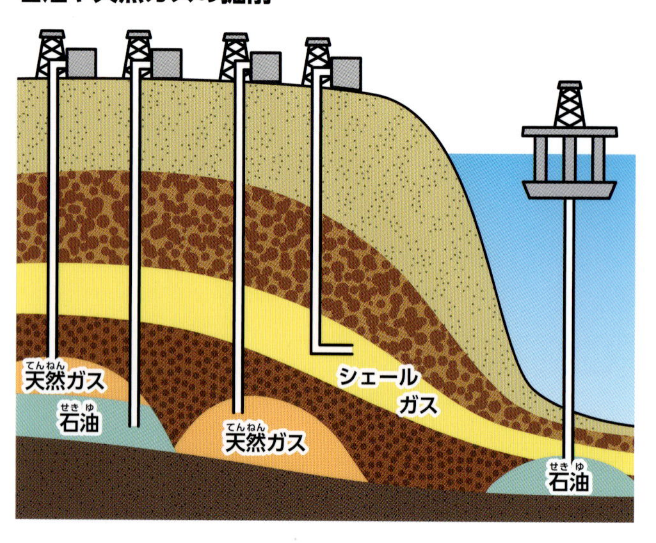

化石燃料をほりだすには、地下深くまでドリルを回転させてほり進めていきます。

◆天然ガス、液化天然ガス

天然ガスの主成分はメタンという物質です。

石油は液体なのでそのままタンクで運べますが、天然ガスは常温では気体なので、いったん冷やして液体にし、体積を小さくしてから運びます。体積は気体のときの600分の１にまで小さくなります。マイナス162℃まで冷却すると液体になります。

液体にした液化天然ガス（LNG）はLNGタンカーで日本の基地に運ばれ、いったんタンクに保存されます。その後、海水の水温を利用して温め、気体のガスにもどします。できあがったガスはガスホルダーにためられ、その後、各家庭や工場、ビルなどにパイプラインで運ばれていきます。

天然ガスが届くまで

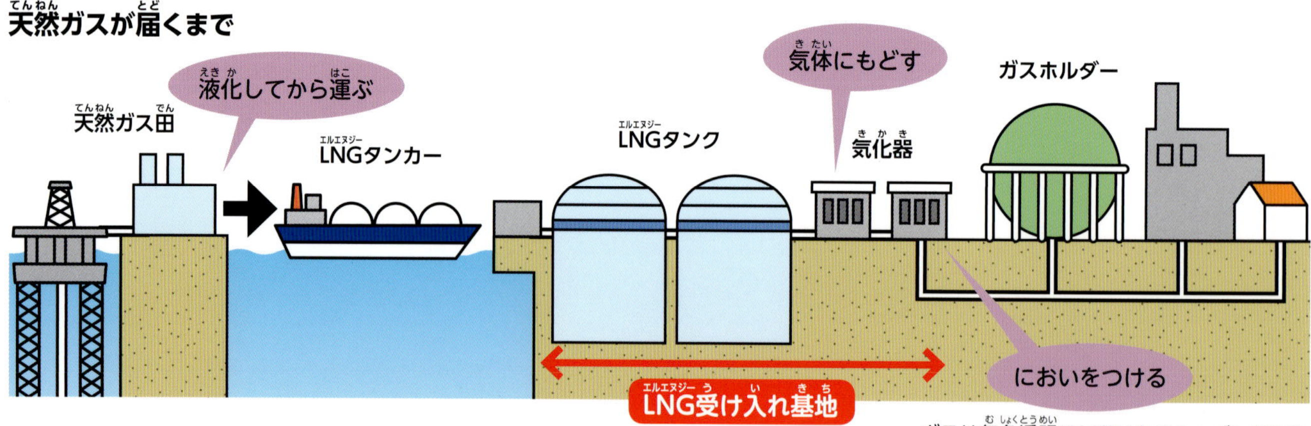

ガスは無色透明でにおいもほとんどしないため、もれたときに人が気づきやすいように、あえてにおいの強い気体の化合物を混ぜています。

●日本の石油の用途

石油は発電に使われるほか、さまざまな用途があります。

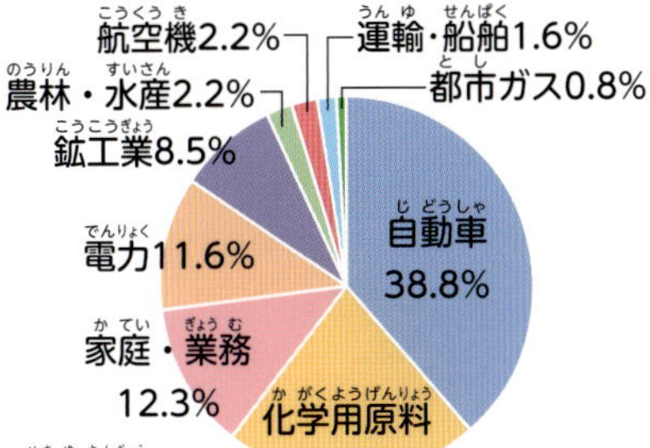

（石油連盟：今日の石油産業2015）

●日本の天然ガスの用途

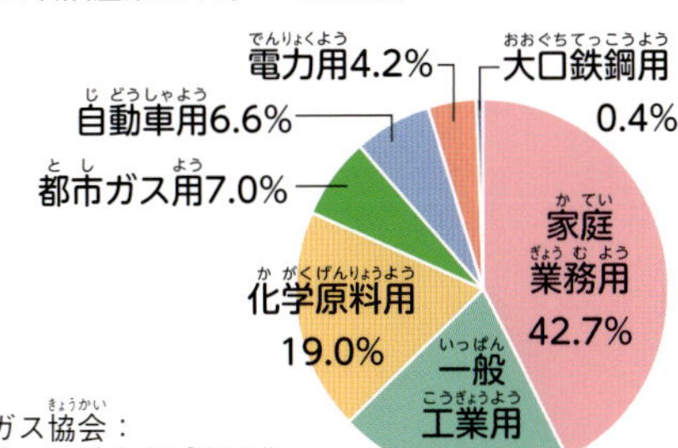

（日本LPガス協会：
日本のLPガス用途別構成比率2013）

●どこから輸入している？

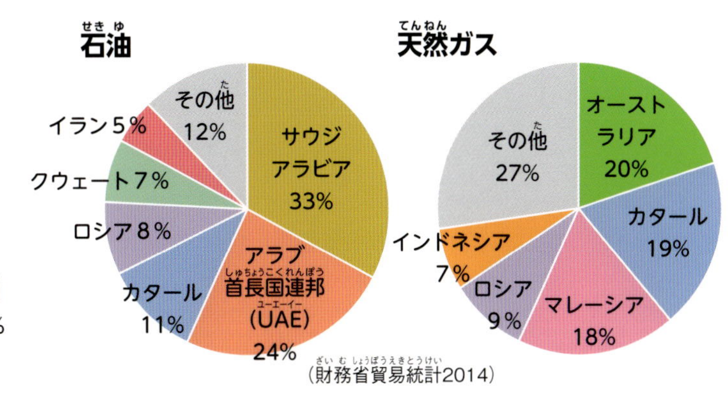

（財務省貿易統計2014）

シェールガス

シェールガスとは、シェール（頁岩）という地層に閉じこめられていて、かつてはとりにくかった天然ガスのことです。近年、新しい技術が確立されて採掘できるようになり、注目を浴びています。シェールの層は水平に分布しているため、深くほったあとに横にほり進める技術が開発されました。

シェールに閉じこめられた石油の場合はシェールオイルといい、どちらもアメリカ、カナダ、ロシア、中国などに大量に埋蔵されています。

身近な油いろいろ

石油のように地下資源からとれる油を鉱物油といいます。

油には、ほかに菜種やオリーブ、ゴマなど植物からとれる植物油、魚や牛など動物からとれる動物油があります。

いずれも水と混じりにくい、水より軽い、よく燃えるという特徴があります。

植物油は食用のほか、化粧品や燃料（バイオ燃料）、医薬品、香料などに幅広く使われています。

動物油は食用に使われることが多く、魚油は固形石けんなどに使われています。

オリーブの実とオリーブオイル

ここがポイント 水と油

たがいに気が合わず仲が悪いことをたとえて「水と油」といいます。水と油は混ぜても溶け合わず、2層に分かれることが、言葉の由来です。油と酢を混ぜてつくるサラダドレッシングも同様で、一時的には混ざり合うものの、しばらくすると2層に分かれ、酢より軽い油が上に、酢が下になります。

油と酢をびんに入れる。　ふって混ぜ合わせる。　しばらくすると、再び2層に分かれる。

砂糖と塩

砂糖と塩のつくり方

◆砂糖

砂糖の原料は植物ですが、日本ではおもにサトウキビとテンサイからつくられています。

亜熱帯でとれるサトウキビはおもに沖縄県で、冷帯が適しているテンサイはおもに北海道で栽培されています。

砂糖のつくり方は、原料の植物により異なりますが、サトウキビの場合は、まずしぼった汁を煮詰め、遠心分離機にかけて蜜と結晶に分けます。この結晶が砂糖の原料で、これを製糖工場で不純物をとりのぞき白い砂糖に精製します。

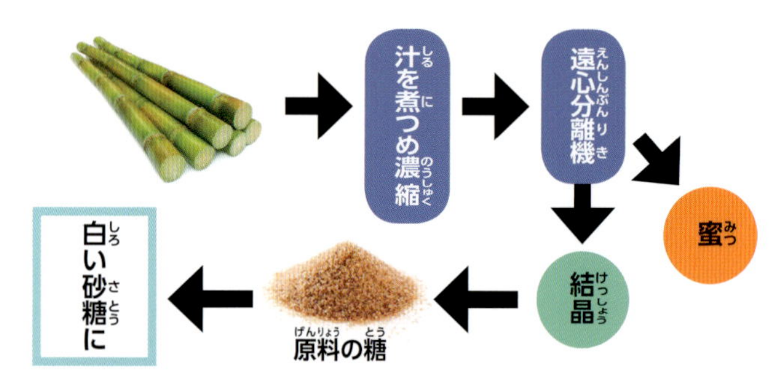

◆塩

塩は海水からとりだします。代表的なつくり方を「イオン交換膜法」といいます。

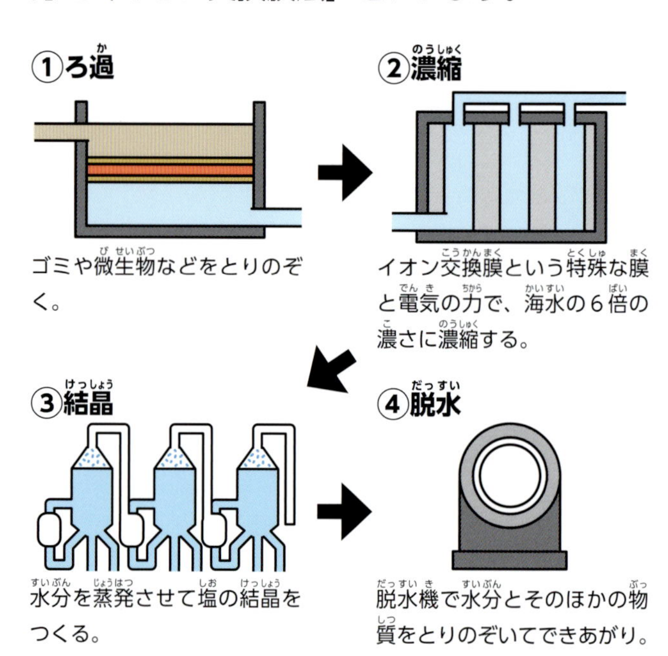

この方法で塩をつくると、マグネシウム、カルシウムといったほかのミネラルはとりのぞかれる。海水を天日干しにしてつくる「天日法」や平釜で煮詰めて蒸発させる方法でつくった塩は、ほかのミネラルがふくまれ、自然塩といわれる。

砂糖と塩の見分け方

どちらも白い粒状の砂糖と塩。どちらが砂糖でどちらが塩かわからないときは、どのように見分けたらいいでしょうか。いろいろな方法があります。

これら以外にも、砂糖と塩を見分ける方法があるか、考えてみましょう。

●なめる

2つの白い粒が、砂糖と塩であることがはっきりしているなら、なめるのがいちばん早い方法です。ただし、何かわからない物質を見分けるときには、「なめる」のは危険なのでやめましょう。

●さわってみる

さわった感触で、塩か砂糖かわかるかもしれません。ただし、塩にも砂糖にもさまざまな種類があり、さわっただけでは判別できない場合も多くあります。

●水に溶かす

同じ温度、同じ量の水にそれぞれ溶かしてみましょう。

２つのビーカーにそれぞれ100mLの水を入れる。５mLの砂糖と塩をそれぞれ溶かしてかき混ぜる。何杯まで入れたら溶けない粒が残るだろうか。

➡結果　砂糖のほうが多く溶ける。

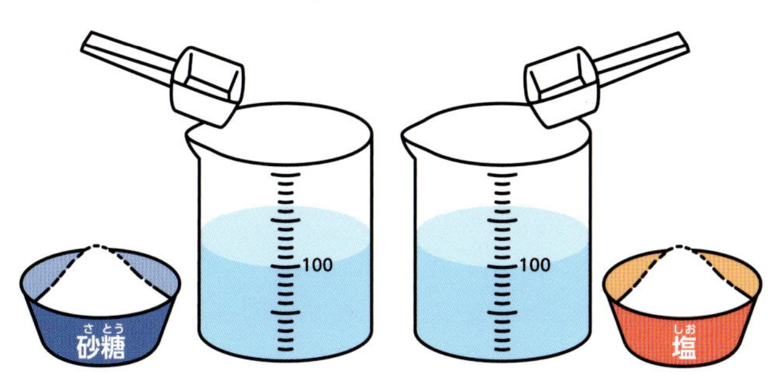

●再結晶させルーペで見る

塩にも砂糖にもさまざまな種類があるため、ルーペや顕微鏡で見てもわからない場合もあります。その場合は再結晶させてから見ます。

それぞれの水分を蒸発させ、結晶するのを待つ。

➡結果　塩の場合は正六面体の結晶ができてくる。

●水溶液を冷蔵庫の冷凍室で凍らせる

砂糖水と塩水では、凍る温度（凝固点）がちがいます。冷凍室でどちらが先に凍るか実験してみましょう。

砂糖と塩をそれぞれ同じ温度の100mLの水に10gずつ入れて溶かし、冷凍庫に入れる。

➡結果　砂糖水が先に凍る。

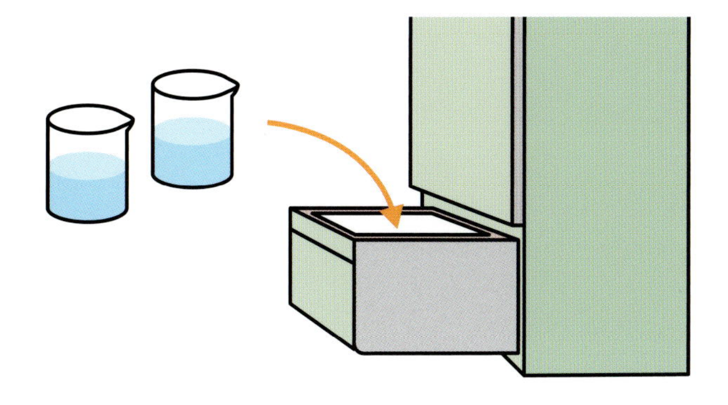

●火に近づけて加熱する

燃焼さじにのせて、炎に近づけてみましょう。

燃焼さじをアルミはくでおおい、それぞれを少量ずつのせてバーナーの火にかざす。

➡結果　砂糖はしだいに融け、カラメルになる。さらに加熱するとこげたり、燃えたりする。塩は融けたりこげたりせず、パチパチと音がする。

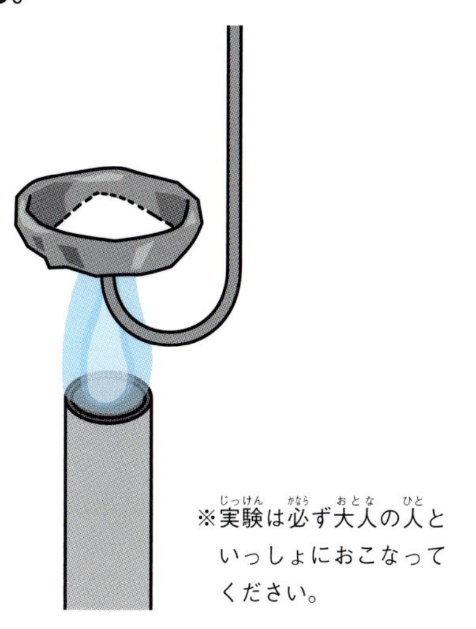

※実験は必ず大人の人といっしょにおこなってください。

●水溶液に電気を通す

水に溶かした液が電気を通すかどうか、調べてみましょう。

２つのビーカーにそれぞれ100mLの水を入れ、10gの砂糖と塩をそれぞれ溶かしてかき混ぜる。豆電球と乾電池を直流でつなぎ、電気を通す。

➡結果　塩水のときは豆電球がつく。

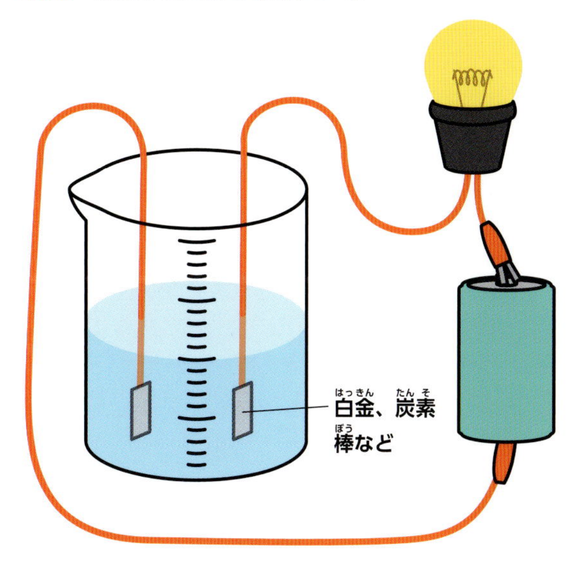

※塩水に電気を通すと少量の塩素と水素が発生します。実験は換気をよくして、必ず大人の人といっしょにおこなってください。

●におい

いずれもにおいはしないので、判別できません。

石けんと洗剤

石けんとは

顔や手を洗ったり、お風呂で体を洗ったりするときに使う石けん。石けんは、何からどのようにつくられるのでしょうか。

石けんが誕生したのは、いまから5000年ほど前。羊の肉を焼いたときにしたたり落ちた脂肪が燃料の木材の灰にしみこみ、偶然にできたという伝説があります。木を燃やした後の灰には炭酸カリウムというアルカリ性の物質がふくまれていますが、これが羊の脂肪と反応して石けんになったものと考えられます。実は、石けんのつくり方の原理は、アルカリ性の物質と油の反応です。

現在、市販の多くの石けんはヤシ油やオリーブ油、牛脂などの油と、水酸化ナトリウム（苛性ソーダ）などのアルカリ性の物質でつくられています（注）。

界面活性剤

よごれを落とすしくみは、「界面活性剤」のはたらきにあります。下の図のように界面活性剤の小さな粒である分子は、水になじむ性質と油になじむ性質の両方があります。油になじむ部分がよごれにくっつき、水になじむ部分に引っ張られてしだいに水中にとりだされていきます。

合成界面活性剤は化学的に合成されたもの、石けんは天然由来の成分を素材にしたシンプルな界面活性剤です。

界面活性剤のしくみ

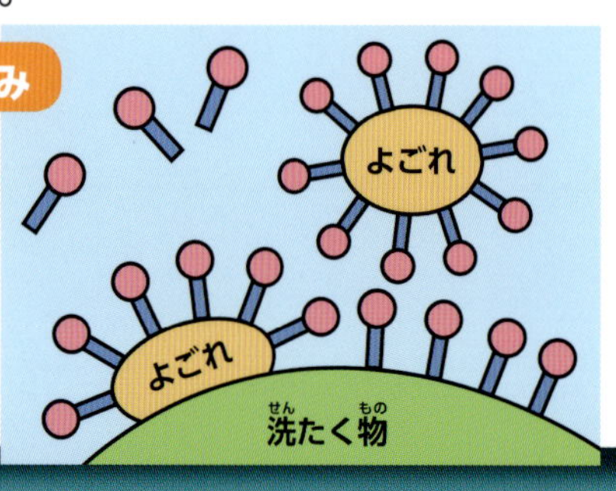

合成洗剤とは

台所で使っている洗剤や洗濯用の洗剤には、「合成洗剤」とよばれているものが多くあります。合成洗剤とは、成分に「合成界面活性剤」というものがふくまれている洗剤です。洗剤の中には粉状や液体状の石けん洗剤もあります。合成洗剤か石けん洗剤かの区別は見た目ではわかりにくく、パッケージの裏にある表示で見分けます。

石けん

合成洗剤

注）これらの材料を使って家庭でも石けんをつくることができます。ただし、水酸化ナトリウムはアルカリ性が強い物質なので、取り扱いに注意が必要です。必ず大人の人といっしょにおこない、じかにさわったりなめたりしないようにしてください。

卵の黄味も界面活性剤

水と油は混じり合わない、また同様に、酢と油も混じり合わないという話が45ページにありました。しかし、おもに酢と油と卵の黄味を混ぜてつくるマヨネーズは、混じり合っていて分離しません。これは、卵黄にふくまれるレシチンが界面活性剤となってつないでいるからです。

マヨネーズの酢と油は、卵黄にふくまれるレシチンのはたらきで混じり合っている。

PART 3

物質（ぶっしつ）の分（わ）け方（かた）と利用（りよう）

磁石につくか、つかないか

磁石につかないもの

磁石って何？

砂場で磁石に砂鉄をつけて集めたことがある人も多いでしょう。いったい磁石に何がくっつくか、実験したことはありますか。

磁石にはN極、S極の２つの極が必ずあります。N極だけの磁石、S極だけの磁石はあり得ません。

N極とS極は引き合いますが、同じ極どうしは反発し合います。この引き合ったり反発し合う力を「磁力」といいます。

磁石には鉄を引きつける力があります。しかし、ガラスや陶磁器、紙、木は磁石にくっつきません。

磁石のしくみ

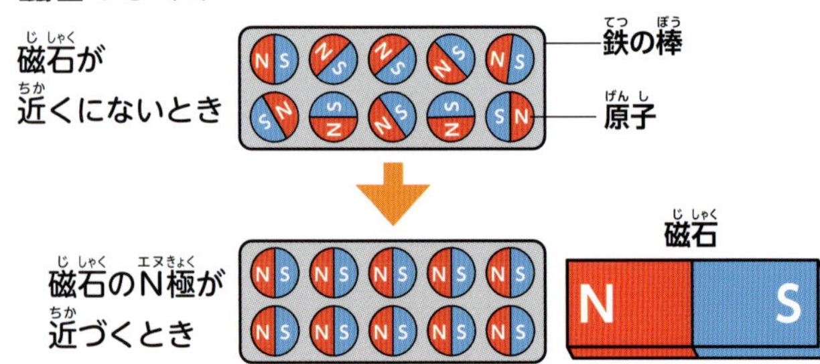

原子のN極・S極の向きがみな同じになる。

では、なぜ鉄は磁石にくっつくのでしょうか。鉄の性質をもついちばん小さな粒である鉄の原子は、実はひとつひとつが磁石の性質をもっています。ただ、ふだんはN極とS極の向きがバラバラで全体としてバランスがとれているため、磁石の性質が現れなくなっています。しかし、磁石を近づけると、鉄の原子の磁石が反応して、いっせいに同じ向きに変わり、鉄全体が磁力をもって磁石となってしまうのです。

磁石にくっついたくぎが、別のくぎを引きつけるのは、くぎ自体が磁石になったためです。

◆磁石につかない金属

一般的に金属は磁石にくっつきません。鉄が磁石にくっつき、その鉄が広く身のまわりで使われているので、金属なら磁石にくっつくというイメージがあります。鉄以外に磁石にくっつく金属は、コバルト、ニッケルなど限られています。これらの金属も、原子が磁石の性質をもっています。

このような、磁石につく物質を「強磁性体」といいます。

アルミ缶とスチール缶の仕分け

ビールやジュースの缶には、アルミ製の缶とスチール製の缶がありますね。マークがついていますが、磁石で見分けることもできます。

アルミ缶は磁石に反応しませんが、スチール缶は鉄を原料とした「鋼」(→P18) ですから、磁石につきます。

リサイクル工場では、磁石を使った選別機でアルミ缶とスチール缶を選別しています。

スチール缶は磁石につくが、アルミ缶はつかない。

磁石が使われているもの

ランドセルの金具には、磁石がついていることが多いですね。磁石つきのふでばこを持っている人もいるでしょう。

冷蔵庫のふたが自動でしまるのは、扉の内側にゴム磁石が使われているためです。

ほかには電子レンジ、パソコン、テレビ、自動車など、さまざまなものに磁石が使われています。

ランドセルは、磁石の力でしっかりしまる。

アルミ缶とスチール缶のリサイクル

空き缶のリサイクルの流れを見てみましょう。

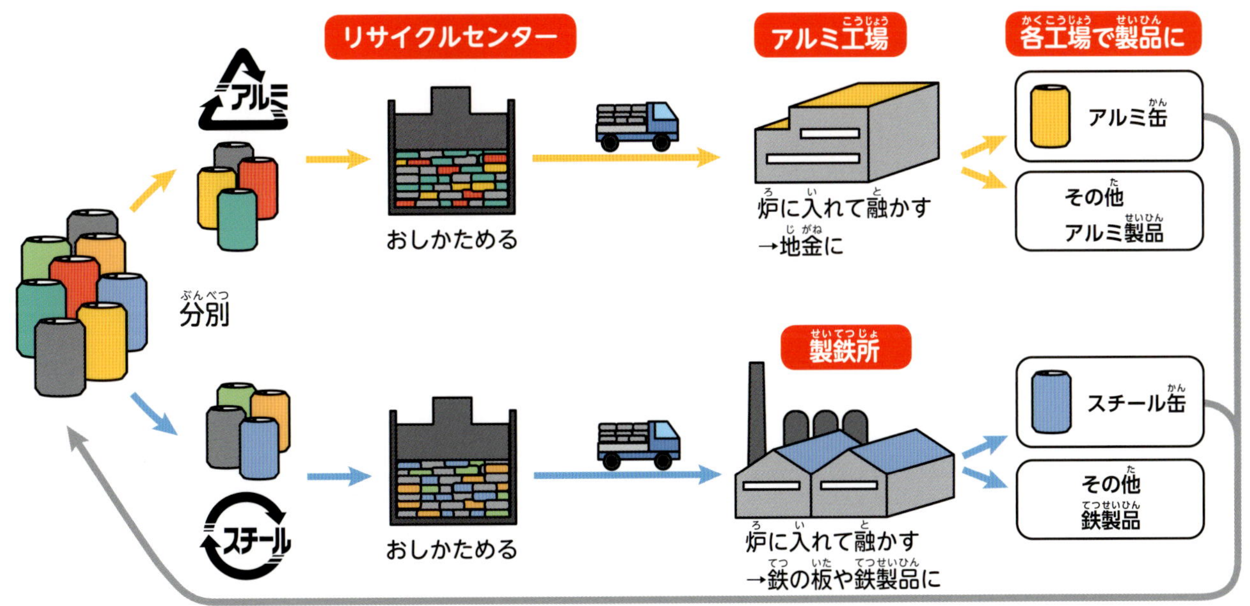

●缶の捨て方

アルミ缶やスチール缶をリサイクルに出すときは、缶の中を水で洗ってから、つぶせるものはつぶして出します。自治体によって、そのまま出していいところもあります。アルミ缶とスチール缶を分けて収集している場合は、マークを見て、分別してから出しましょう。

燃えるか、燃えないか

「燃える」とはどういうことか？

ものが「燃えている」状態とは、熱と光が出ているようすのことをいいます。炎が出ずに、炭のように赤くなるだけでも「燃えている」こともあります。

ものが燃えるときには、空気の中の酸素が必要です。つまり、「燃える」とは、「物質が酸素と結びつき、熱や光を発すること」です。ろうそくの炎は、高温になって、燃えます。このとき、固体のロウが酸素と結びつくのではなく、ろうそくから蒸発して気体になったロウが、酸素と結びついて燃えます。一般に、ある程度高い温度にならないと燃えません。

燃えるには酸素が必要

燃えているろうそくに、コップをかぶせると、しばらくして火は消えてしまう。コップの中の空気中の酸素が、燃えるために使われてほとんどなくなってしまったからだ。

●燃えやすいもの

◆燃えると酸化する

「燃える」ということは、酸素と結びついて熱や光を発すること、と説明しました。たとえば、ろうそくを燃やしたときには、

ロウ+酸素➡二酸化炭素+水+すす(燃え残り)+熱+光

鉄を燃やしたときには、

鉄+酸素➡酸化鉄+熱+光

と変化します。酸素と結合することを「酸化」、酸素と結合した物質を「酸化物」といいます。

高温で燃えるもの

ふつうの温度では燃えなくても、高温になると燃える物質があります。たとえば鉄は800～1500℃くらいで、もっともかたい物質といわれるダイヤモンドは、1000℃くらいで燃えます。

一方ガラスは高温になるとどろどろに融けますが、燃えることはありません。ほかには、陶磁器も燃えません。燃えない物質のほとんどは、すでに「酸化物」になっていてこれ以上「酸化」しない物質です。

ゴミの分別・処理方法

ゴミを捨てるときは、自治体のルールにしたがって「燃える（燃やす）ゴミ」と「燃えない（燃やさない）ゴミ」に分別しますね。それぞれが、どのように処理されていくか、図で見てみましょう。

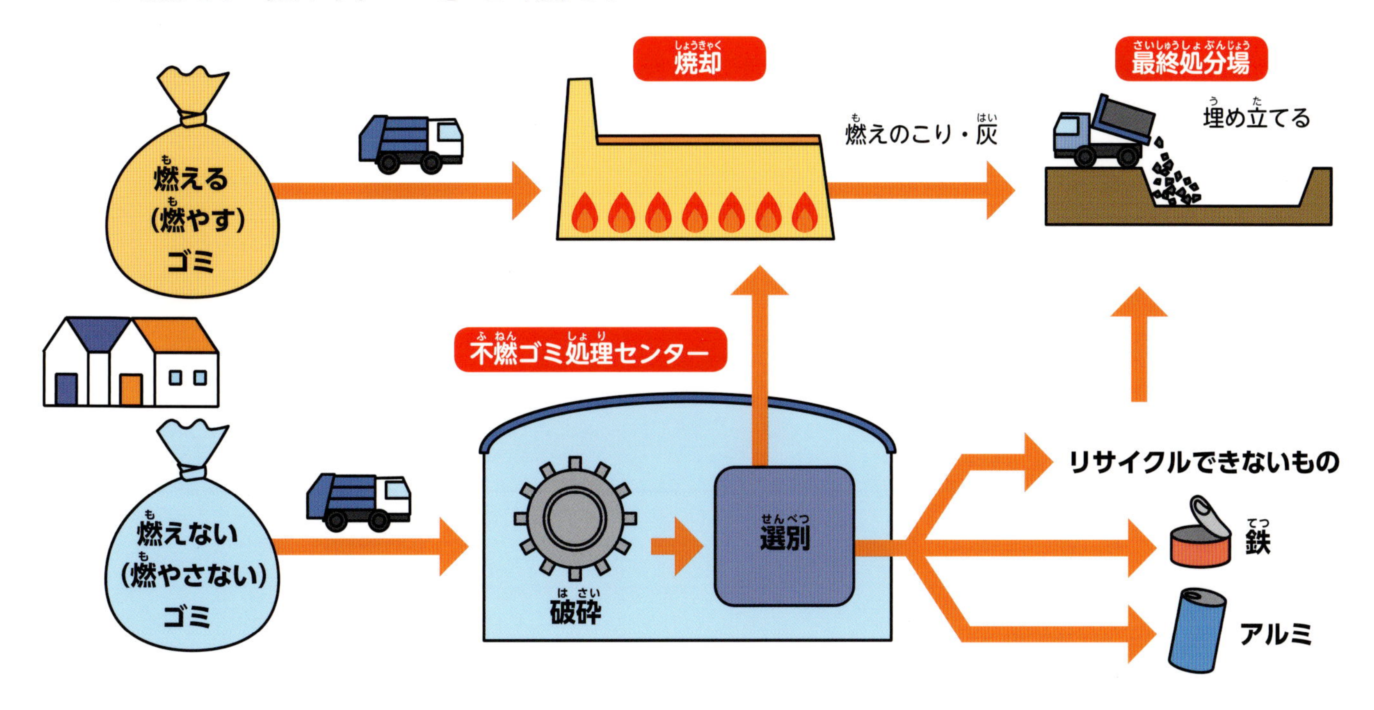

ダイオキシン

かつては、プラスチックのポリ塩化ビニル（PVC）を燃やすとダイオキシンが発生することが、大きな問題となっていました。しかし、近年増えている高温で焼却できる焼却炉では、PVCを燃やしても、健康に害があるほどのダイオキシンは発生しません。ダイオキシンの排出量は、年々少なくなっています。

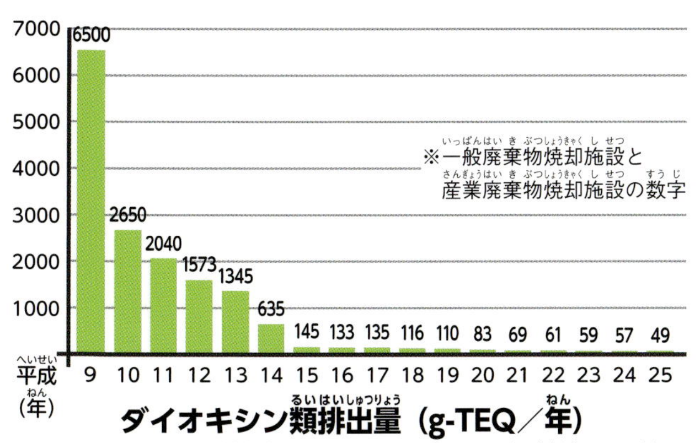

（環境省「ダイオキシン類の排出量の目録」より作成）

ここがポイント

ゴミ焼却のエネルギーを生かす

多くの自治体では、ゴミ焼却施設で発生した熱を温水プールに利用しています。また、地域の暖房、給湯、温室などに利用したり、焼却する際に発生したエネルギーで発電する施設をもっている自治体もあります。

このように、ゴミを燃やすだけでなく、その際に発生するエネルギーを回収・利用することを「サーマルリサイクル」といいます。

電気を通すか、通さないか

※答えはP55の下

電気を通すもの、通さないもの

物質には、電気を通すものと通さないものがあります。さまざまな金属やプラスチック、ガラス、紙、木など身近な物質に、右の図のように電気を通し、豆電球がつくか実験してみましょう。

電気を通す物質を「導体」、通さない物質を「絶縁体」といいます。

電気の正体

電気の正体が何か、明らかになったのは100年あまり前のことです。それまで、物質を構成するいちばん小さい要素で、これ以上分けられない最小の粒は原子と考えられていました。ところが、原子はさらに原子核と電子でできていることがわかったのです。

プラスの電気をもった原子核のまわりを、マイナスの電気をもった電子が回っています。ほとんどの電子は原子核に引っ張られて自由がきかないのですが、一部の電子は原子からはなれて、金属などの電気をよく通す物質の中を自由に動き回ることができます。この電子を「自由電子」といい、自由電子が移動することで電気が流れます。

電気を通さない物質は、自由電子がない物質です。

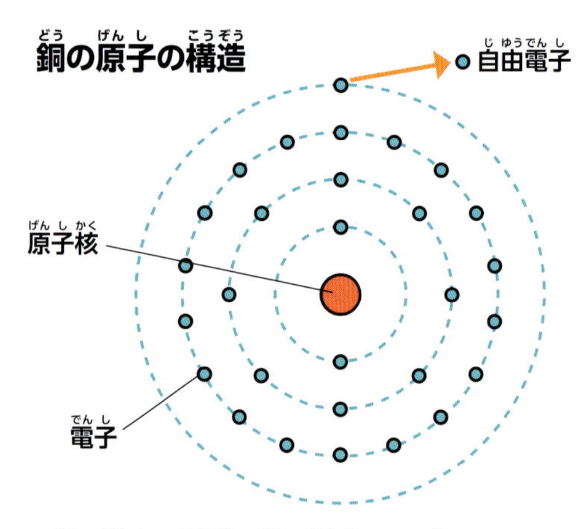

銅の原子の構造。銅は電子を29個もっている。自由電子になりやすいのは、いちばん外側の１個。

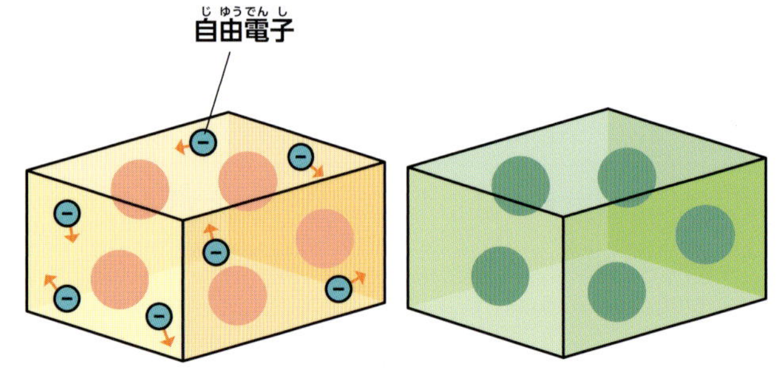

自由電子が移動する導体（左）と自由電子のない絶縁体（右）。

電気を通す物質、通さない物質の利用

銅やアルミニウムなど、電気をよく通す「導体」は、電気を流す電線に用いられます。なかでも銅は電気をよく通し、比較的価格も安いため、電柱と電柱をつなぐ配電線で多く使われています。大きな鉄塔と鉄塔をつないで遠い距離を結ぶ高圧送電線とよばれる太い電線には、銅ほど電気をよく通さないものの、銅よりも軽いアルミニウムが使われています。

逆に電気コードのまわりをおおうカバーなどには、電気を通さないポリ塩化ビニル（PVC）などのプラスチックが使われています。

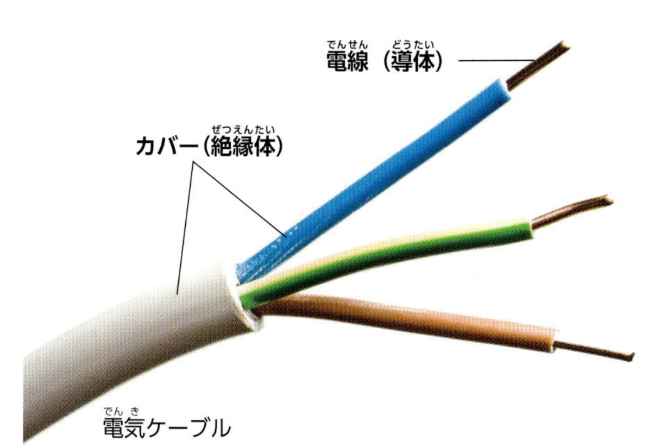

電気ケーブル

半導体とは

電気を通す「導体」と通さない「絶縁体」の両方の性質をもつ物質を、「半導体」といいます。熱や光などの条件によって、電気を通したり通さなかったりします。

半導体は、パソコンやスマートフォン、テレビ、冷蔵庫、炊飯器、デジタルカメラなど、さまざまな製品に使われています。たとえばエアコンでは、室温によって、エアコンがオンになったりオフになったりするしくみに利用されています。

半導体に使われる物質の代表的なものは「シリコン」です。シリコンはケイ素という、地球を構成する物質で２番目に多いものです。

もっと知りたい！

電気を通すプラスチック ノーベル賞白川博士の発明

プラスチックは電気を通さないのが、これまでの常識でした。この常識をうちやぶり、電気を通すプラスチックを発見したのが、2000年にノーベル化学賞を受賞した白川英樹博士です。

その後、電気を通すプラスチックの技術は飛躍的に進歩し、現在では、リチウムイオン電池をはじめさまざまな製品に利用されています。

スマートフォンのタッチパネルにも、電気を通すプラスチックが使われている。

リチウムイオン電池

※答え：㋐と㋒と㋕

沸点のちがい

沸点とは？

水は100℃で沸とうします。液体が沸とうして気体になる温度を、「沸点」といいます。

沸点は液体によって異なります。エタノールは78℃、水に溶けるだけの塩を入れた飽和食塩水は、108.7℃で沸とうします。

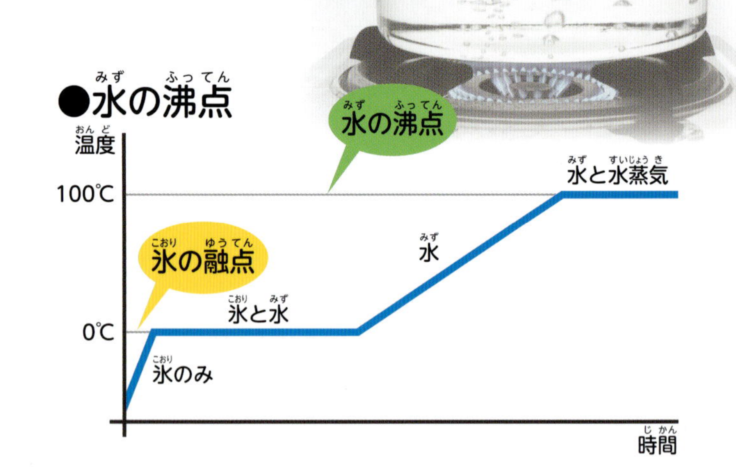

沸点のちがいで混合物を分ける

エタノールはアルコールの一種で、お酒にふくまれている物質です。水とエタノールの混合液をそれぞれの物質に分けるには、どうしたらよいでしょうか。どちらも液体なので、ろ過はできません。

そこで、「蒸留」という方法で分けます。蒸留とは、それぞれの液体の沸点のちがいを利用して分ける方法です。水の沸点は100℃、エタノールは78℃なので、この混合液をフラスコに入れて熱し、80℃くらいの温度を保つと、おもに先に沸点に達したエタノールだけが沸とうして気体になります。この気体を管を通して試験管の中に導き、冷やすと再び液体となります。この液体がエタノールで、フラスコからはエタノールが蒸発してなくなっているので、残っている液体は水ということになります。

このようにして、水とエタノールを分けることができます。

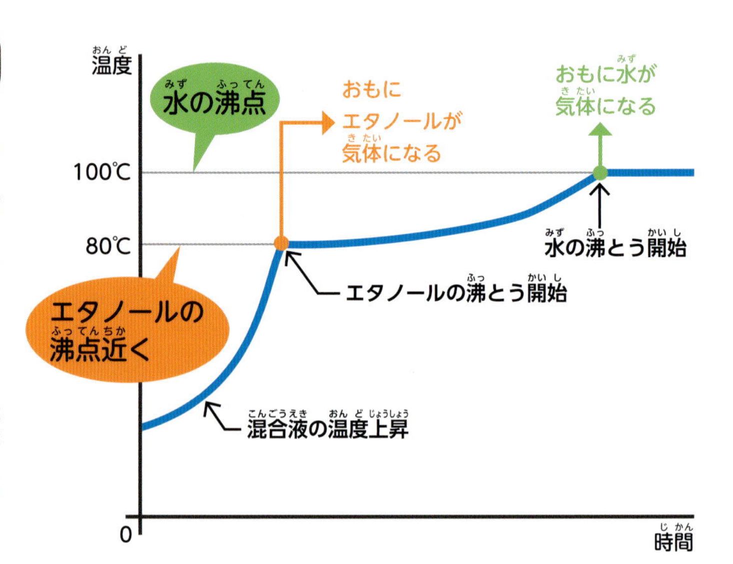

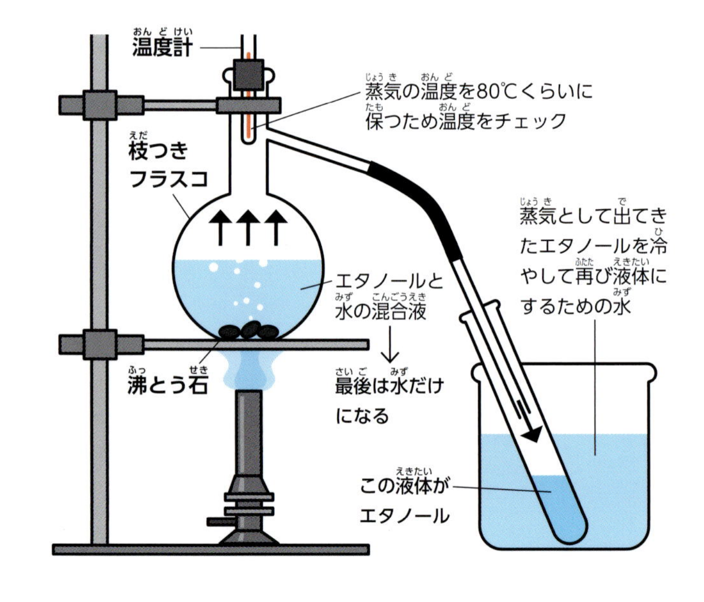

石油精製のしくみ

地下からくみあげられた石油（原油）は、いくつもの物質が混ざった混合物です。これを、ガソリン、灯油、軽油、重油などに分ける必要があります。方法は、56ページ下で紹介した、エタノールと水を分ける「蒸留」を使います。製油所には50mもの高さの「蒸留塔」とよばれる装置があります。これに、350℃に熱した原油が流しこまれ、沸点のちがいによって、分けられていきます（下の図参照）。

料理でお酒を使うとき

煮ものをつくるときにお酒を使うことがあります。でもお酒を使った煮ものを食べても酔うことはありません。なぜでしょうか。お酒の入った料理をぐつぐつと煮ていると、アルコール分が先に蒸発するからで、あとには、風味やうまみだけが残ります。このことを「アルコールを飛ばす」といいます。

●「蒸留」による石油精製

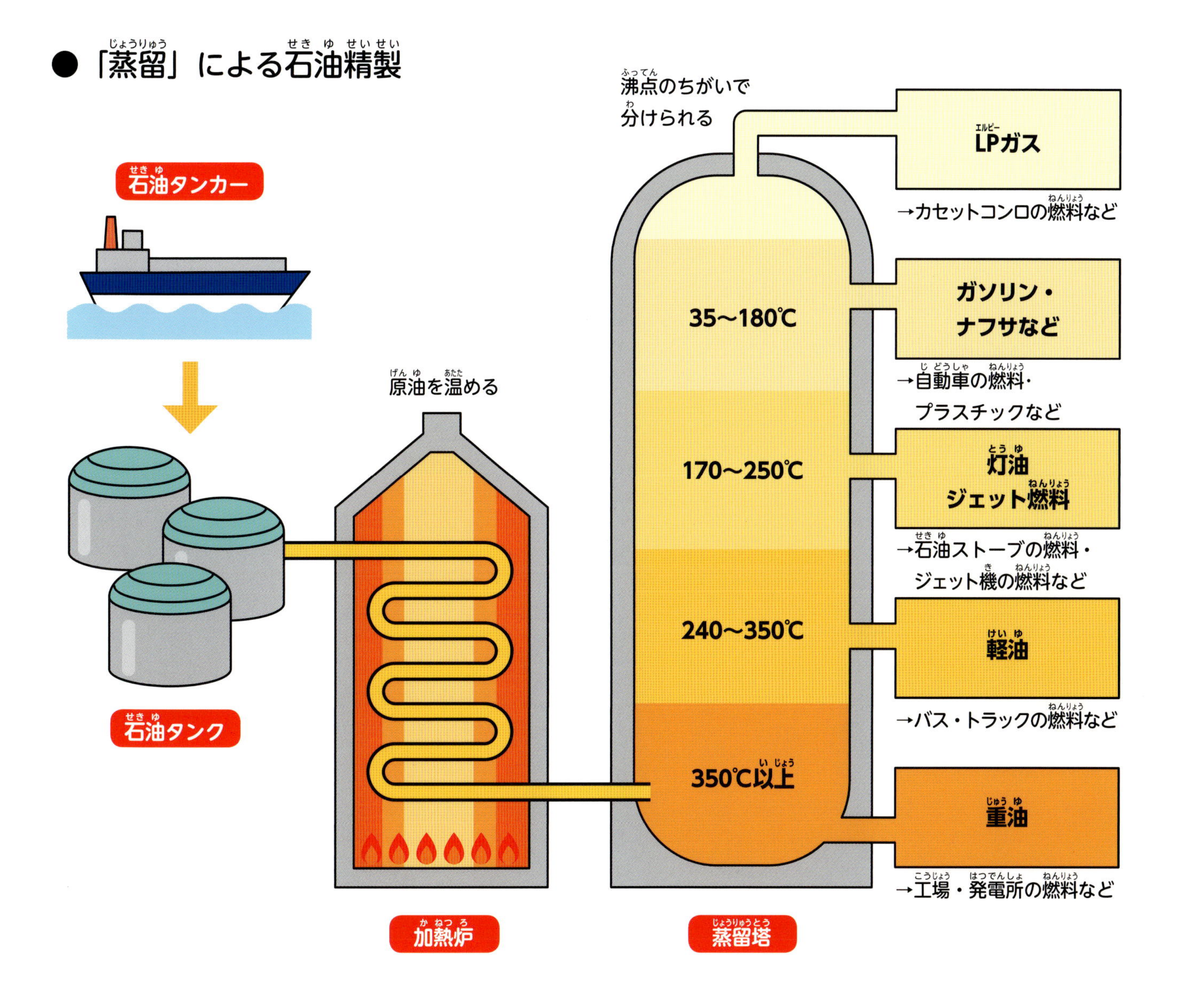

水に溶けるか、溶けないか

溶けたものはどこへ？

水に塩や砂糖を入れてかき混ぜると、しだいに透明になって見えなくなります。一方、砂や油は、水に入れてかき混ぜるとにごりますが、しばらくすると砂は底にたまり、油は上にういてきます。

塩や砂糖は水に溶け、砂や油は水に溶けないことがわかります。では、「水に溶ける」とはどういうことでしょうか。

塩や砂糖が水に溶けても、塩や砂糖が消えてなくなったわけではありません。砂糖の場合は分子というごく小さな粒となって水の分子とくっつき、塩の場合はイオンというごく小さな粒になって水の分子にくっつくために、分散して見えなくなるのです。

水に溶けないのは、小さな粒になって水の分子とくっつくという状態になりにくい物質です。

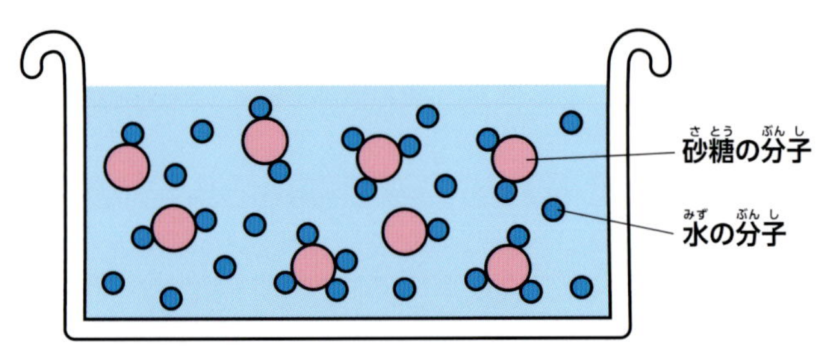

水に砂糖が溶けた状態の分子

トイレットペーパーは水に溶ける？

「水に溶けるのでトイレに流していい」といわれるトイレットペーパーは、本当に水に溶けるのでしょうか。実際に水に入れてかき混ぜてみましょう。しばらくすると細かくちぎれていきます。しかし、放っておくと底にたまってきて、溶けていないことがわかります。トイレットペーパーは木のせんいがからみ合ってできているのですが、そのせんいがほどけているだけなのです。トイレットペーパーを一度にたくさん流すとトイレが詰まってしまうこともあるので、気をつけましょう。

重さは変わらない？

水に塩を溶かしたとき、溶かす前とくらべて重さは変わるでしょうか。実験してみましょう。

200mLの水を入れたビーカーと20gの塩を入れたカップをそれぞれ2つ用意します。右の図のように、一方の水には20gの塩を溶かし、もう一方は溶かさず、2つの重さをくらべてみましょう。まったく変わらないことがわかります。

ビーカーの水と食塩水は、同じように透明でも、全体の重さは変化しません。

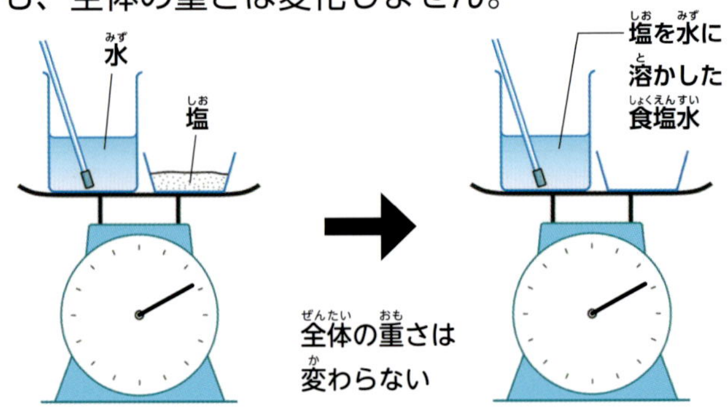

溶けるもの、溶けないもの

さまざまな身近な物質を、水に溶けるかどうか実験してみましょう。

47ページで解説したように、塩や砂糖は、一定量を超えると溶けずに残ります。また、温度によって溶ける量は異なります。たとえば、でんぷんは水には溶けませんが、湯には溶けます。温度を変えて、いろいろ実験してみましょう。

でんぷん（5mL）

水はいったん白くにごる

しばらくすると沈殿する（溶けない）

ホウ酸（5mL）

溶ける

固形せっけん（5mL）

白くにごる

牛乳（50mL）

白くにごる

油（20mL）

溶けずに2層に分かれる

※水はすべて17℃、300mL

◆溶けたものをろ過すると

砂糖などが溶けた水溶液を、ろ紙を使ってろ過すると、どうなるでしょう。実験してみると、溶けたものはろ紙でこされることなく、通りぬけることがわかります。

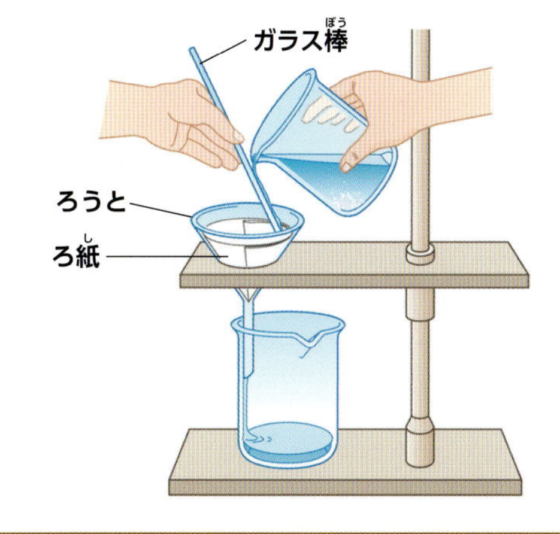

再結晶

固体をいったん水に溶かしたのち、溶かした物質を再び固体としてとりだすことを「再結晶」といいます。たいていの物質は、温度が下がると水に溶ける量が減り、これ以上溶けない状態（飽和といいます）になります。すると、溶けなくなった分が固体として出てきます。これが再結晶で、再び出てきた固体を「結晶」といいます。結晶は、細かな粒子（分子や原子）が規則正しく並んだ状態の物質です。なお、塩は温度が下がっても水に溶ける量がほとんど変わらないので、蒸発させて結晶をとりだします。

蒸発させて現れた塩の結晶

密度のちがい

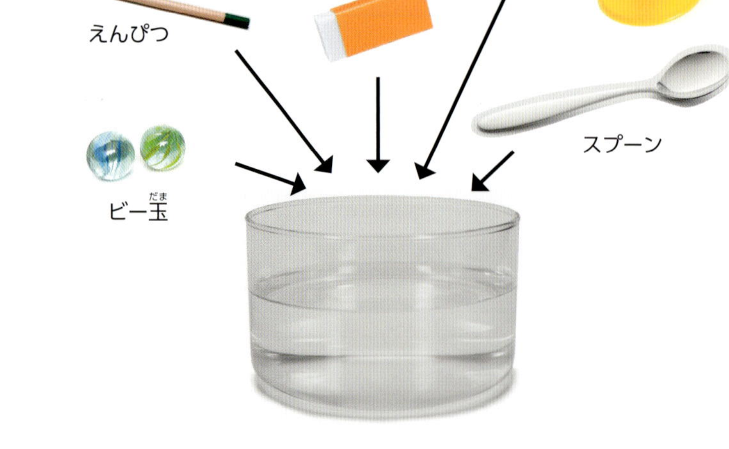

水にうく？　うかない？

えんぴつは水にうきますが、ビー玉はしずみます。うくものとうかないもののちがいは何でしょうか。

まずは、身近にあるさまざまなものを水に入れて、うくかどうかを調べてみましょう。

密度とは

「鉄１kgと木綿１kgはどっちが重い？」と聞かれると、「鉄」と答えたくなります。どちらも１kgで同じ重さ（質量）なのに、鉄のほうが重く感じられます。正しくは、「同じ体積でくらべると鉄のほうが重い」のです。

体積１㎤あたりの重さ（質量・g）を「密度」といいます。鉄と木綿をくらべた場合、鉄のほうが密度が大きいことになります。

水は１㎤あたりの重さ（質量）が１gなので、密度は１となります。密度が１より大きい物質は水にしずみ、１より小さい物質は水にうかびます。

◆密度の求め方

密度は、重さ（質量）と体積から求めることができます。式は、

$$密度=\frac{物質の質量（g）}{物質の体積（㎤）}$$

となります。

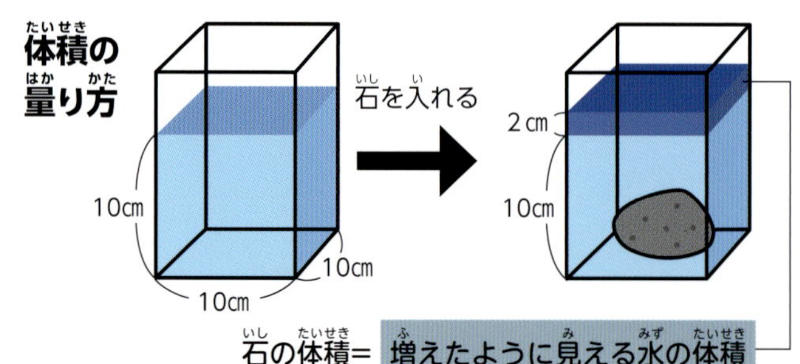

ここがポイント

質量とは

質量とは、場所によって変化しない、物体そのものの量のことです。単位はgやkgを使います。

月の重力は地球の６分の１といわれています。60kgの体重の人が月で体重計に乗ると10kgと表示されますが、場所によって変化しない「質量」は、月でも60kgです。異なるのはその人にかかる重力です。中学の理科ではこの重力を「重さ」といい、N（ニュートン）の単位で表します。地球で60kgの人にかかる重力は、約600Nの重さで、月の上では６分の１の100Nの重さとなります。体重（質量）が変わったのではなくて、人にかかる重力の強さが変わったのです。

密度のちがい

1円玉、5円玉、10円玉、100円玉の密度をくらべてみましょう。

①各硬貨を10枚ずつ用意する。
②1円玉10枚の重さを量る。
③メスシリンダーに100mLの水を入れ、そこに1円玉10枚を入れ、量を測定する。
④(③−100mL) を計算する。
⑤②÷10＝1円玉1枚の重さ
　④÷10＝1円玉1枚の体積
　1円玉1枚の重さ÷1円玉1枚の体積
　　　　　　　　　＝1円玉の密度
となる。
⑥ほかの硬貨も同じように重さと体積を量り、密度を計算する。

測定結果（編集部）

	10枚の重さ	10枚の体積	密度
1円玉	10g	3.8㎤	2.6
5円玉	37.4g	4.3㎤	8.7
10円玉	45g	5.0㎤	9.0
100円玉	47.9g	5.3㎤	9.0

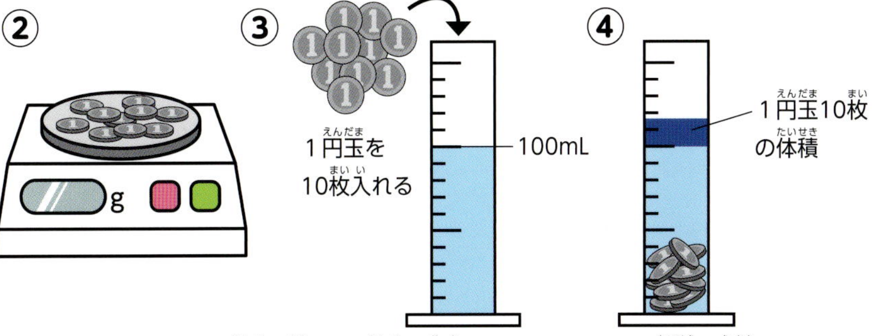

※硬貨の重さは、酸化の度合いやよごれなど、また体積は気温などさまざまな条件により変化します。さらに機器の制度、気泡のつき方などさまざまな理由による誤差が生じます。実際に硬貨を集めて測定してみましょう。

プラスチックの分離

使用済みプラスチックをリサイクルするためには、いくつもの種類があるプラスチックを種類別に分ける必要があります。その工程は何段階にも分かれますが、その中で、たとえば洗濯機などの家庭電気製品で使われているプラスチックを分けるときに、密度のちがいを利用する場合があります。

洗濯機に使われているプラスチックはおもにPP（ポリプロピレン）とPS（ポリスチレン）、ABS樹脂の3種類です。3つのうち水より密度が低いのはPP（ポリプロピレン）だけなので、PPを回収するために、水にうかせて分離させます（プラスチックについてはP24～29参照）。

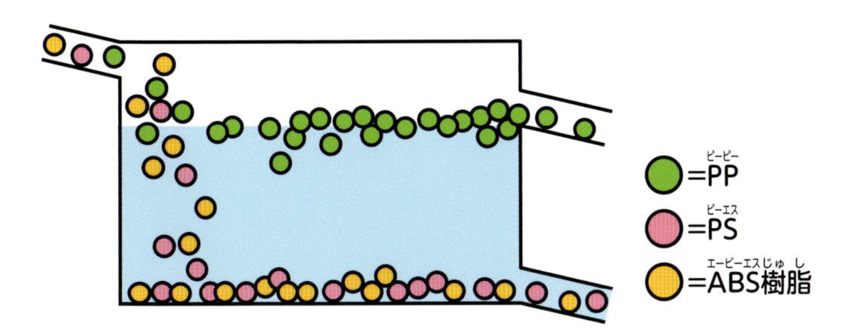

ガス原油セパレーター

天然ガスを地下から採掘したとき、まずはじめに「ガス原油セパレーター」で、混じっている原油や水分をとりのぞきます。これは密度のちがいを利用した装置です。密度のいちばん大きい水は下に、次に大きい原油がその上に、密度がいちばん小さいガスはいちばん上にくるので、図のようにしていちばん上のガスをとりだします。

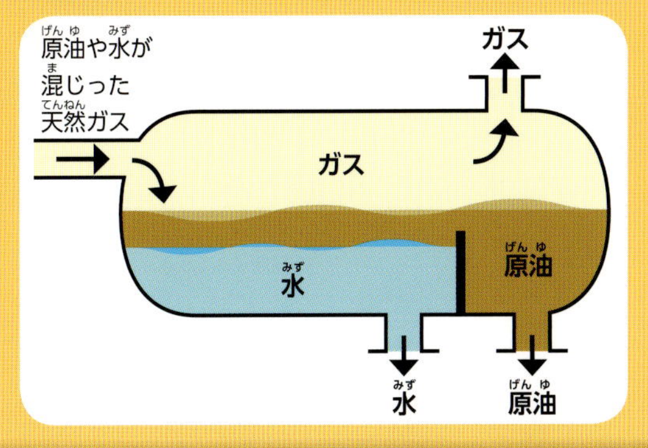

さくいん

■監修者紹介 山口 晃弘（やまぐち あきひろ）

東京都品川区立八潮学園校長。東京都中学校理科教育研究会事務局長。専門は理科教育、化学教育。1961年福岡県生まれ。東京学芸大学教育学部卒業後、理科担当教諭として、都内の公立学校に勤務。2005年中央教育審議会理科専門部会の専門委員を兼務。中学校理科教科書のほか、おもな著書に『イラストでわかるおもしろい化学の世界1－4』『中学校理科 9つの視点でアクティブ・ラーニング』（以上、東洋館出版社）、『中学校理科 授業を変える課題提示と発問の工夫50』（明治図書出版）など、多数ある。

●編集・文／榎本編集事務所
●カバー＆本文デザイン、本文イラスト／チャダル108
●写真提供／写真に表示されているものを除き、123rf、photolibrary、PIXTA

身近な物質のひみつ

何でできている？ どんな性質がある？

2016年7月5日　第1版第1刷発行

監修者　山口晃弘
発行者　山崎　至
発行所　株式会社ＰＨＰ研究所
東京本部　〒135-8137　江東区豊洲5-6-52
児童書局　出版部　☎03-3520-9635（編集）
普及部　☎03-3520-9634（販売）
京都本部　〒601-8411　京都市南区西九条北ノ内町11
PHP INTERFACE http://www.php.co.jp/
印刷所
製本所　図書印刷株式会社

ISBN978-4-569-78556-1

63P 29cm NDC430

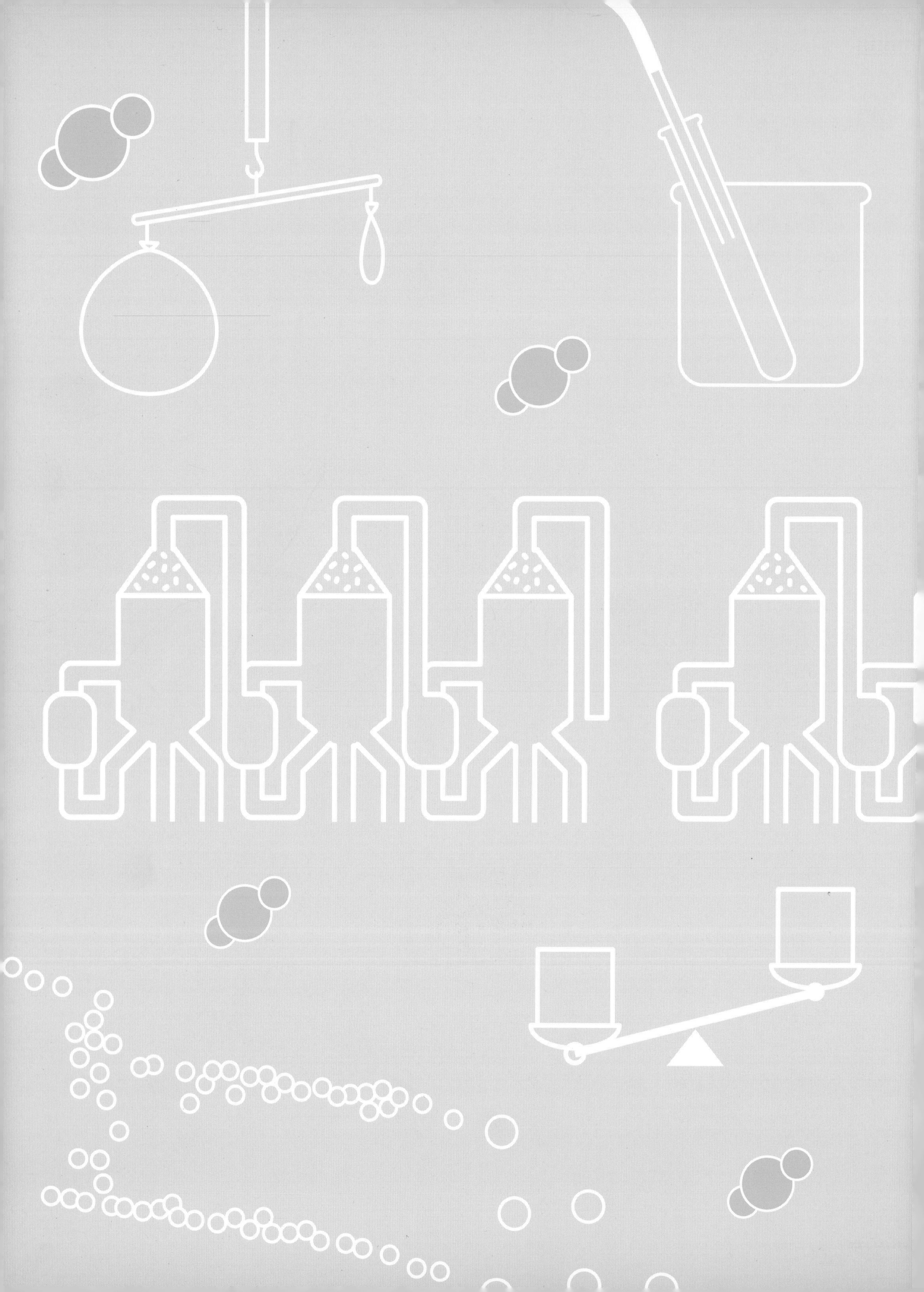